人工智能与大数据
技术大讲堂

U0171768

从零开始构建
深度前馈神经网络

（Python+TensorFlow 2.x）

张光华◎著

机械工业出版社
China Machine Press

图书在版编目（CIP）数据

从零开始构建深度前馈神经网络：Python+ TensorFlow 2.x/张光华著. —北京：机械工业
出版社，2021.12

（人工智能与大数据技术大讲堂）

ISBN 978-7-111-69615-5

Ⅰ．①从… Ⅱ．①张… Ⅲ．①软件工具 – 程序设计 ②计算机视觉 – 人工智能 – 算法
Ⅳ．①TP311.561 ②TP302.7 ③TP18

中国版本图书馆CIP数据核字（2021）第246153号

从零开始构建深度前馈神经网络（Python+TensorFlow 2.x）

出版发行：机械工业出版社（北京市西城区百万庄大街 22 号 邮政编码：100037）

责任编辑：刘立卿　　　　　　　　　　　　　责任校对：姚志娟

印　　刷：中国电影出版社印刷厂　　　　　　版　　次：2022 年 1 月第 1 版第 1 次印刷

开　　本：186mm×240mm　1/16　　　　　印　　张：14.75

书　　号：ISBN 978-7-111-69615-5　　　　　定　　价：69.80 元

客服电话：（010）88361066　88379833　68326294　　投稿热线：（010）88379604

华章网站：www.hzbook.com　　　　　　　　　　读者信箱：hzjsj@hzbook.com

版权所有·侵权必究

封底无防伪标均为盗版

本书法律顾问：北京大成律师事务所　韩光/邹晓东

为什么要写这本书

学习本应该是一件轻松快乐的事,因为探索与解释是人类的天性。

专业学习通常是投入产出比极高的一件事,尤其是在当代社会,真才实干者通常可以从社会获得合理而丰厚的回报。因此,笔者希望能帮助初学者更高效地入门专业领域,在尽量精简安排知识点的同时,避免晦涩难懂的语言打击初学者的积极性。

笔者希望建立初学者关怀的意识,设身处地地为初学者考虑,为初学者量身定制并优化知识体系,而不是简单地搬运官方文档。

本书尝试介绍一个新的学习主张,以帮助初学者轻松、高效地入门人工智能这一专业领域。

本书特色

- **前沿**:书中的示例代码基于新发布的(截至 2021 年 9 月 1 日)TensorFlow 稳定版本即 2.6.0 编写,以帮助读者快速掌握前沿的深度学习框架。
- **透彻**:全面贯彻 Learning by doing 与 Understanding by creating 的学习理念,先以通俗易懂的文字讲解核心算法思想,再以纯 Python 代码加深读者对算法思想的理解,通过文字描述、数学表达和代码实现三者对应的方式帮助读者理解核心算法思想的重要细节。
- **原创**:通过大量原创示例,对基础且重要的核心知识点进行多角度的详细讲解,帮助读者透彻理解精要知识点,从而建立学习信心,为后续学习打下坚实的基础。
- **完整**:通过"图书+视频+GitHub/gitee+微信公众号+学习管理平台+群+专业助教"的方式,构建完整的学习资源,并通过全路径学习计划与线上线下互动,形成完整的学习解决方案。
- **平滑**:专业知识学习的过程理应是循序渐进的。本书的第 3 章在强化第 2 章知识点的同时平滑地引入新的知识点,第 4 章在强化第 2 章和第 3 章知识点的同时再引入新的概念,以此类推。本书对理解并构建前馈神经网络所需的核心知识点进行精心设计,使得整个学习过程平滑而高效。
- **实践**:帮助读者逐步加深对算法思想理解的同时,通过代码实现算法思想,将理论转化为可以运行的程序。本书先以纯 Python 代码实现算法,再给出 TensorFlow 的实现版本，理论与实践并重，从而帮助读者提高实际动手能力。

本书内容

本书共 9 章，下面简要介绍各章内容。

第 1 章介绍如何搭建学习和开发环境。

第 2 章带领读者体验 k 近邻算法，帮助他们掌握机器学习的一些基本概念。

第 3 章循序渐进地介绍模型的学习、训练及其他重要的基础概念与算法思想，并以感知机为例，详细讲解模型参数。

第 4 章在第 3 章的基础上引入深度学习中的重要思想方法之一——概率化解释。

第 5 章在读者充分理解单层神经网络算法思想的基础上，使用 TensorFlow 实现对数几率回归模型，进一步加深读者对神经网络算法思想的理解，同时帮助他们初步掌握 TensorFlow 的相关 API。

第 6 章详细讲解数据预处理和小批量等行之有效的深度学习实践。

第 7 章在归纳总结第 3~6 章相关内容的基础上，引入计算图这一重要工具，并通过 TensorBoard 查看 TensorFlow 的计算图实现。

第 8 章介绍如何将单层神经网络平滑地扩展为两层神经网络。

第 9 章在第 8 章的基础上进一步介绍如何将两层神经网络扩展为 L 层神经网络。

附录对神经网络算法涉及的线性代数的相关知识进行简单的介绍，并提供相应的示例代码。

读者对象

本书假定读者具备一定的 Python 编程基础与数学基础，主要适合以下人员阅读：

- 对人工智能和机器学习感兴趣的人员；
- 对深度学习和计算机视觉感兴趣的人员；
- 对大数据分析、数据挖掘和数据科学感兴趣的人员；
- 讲授人工智能、机器学习、深度学习、大数据分析、数据挖掘和数据科学的老师；
- 希望提升自己未来竞争力的人员。

本书对知识结构进行科学和专业的设计，即使部分读者未能熟练掌握高等数学的相关基础知识，也只影响部分章节的阅读，而并不会影响他们对算法思想的理解与代码的实现。

若读者对 Python 编程尚不熟悉，可以参考"人工智能与大数据技术大讲堂"丛书的第 1 部《人工智能极简编程入门（基于 Python）》，或访问微信公众号"AI 精研社"获得帮助。

如何使用本书

本书既可作为各院校课堂教学的教材，也可作为读者自学使用的参考书。本书对章节顺序与知识点的依赖关系进行了精心设计，若读者作为自学用书，除第 1 章外，其他各章请按顺序进行阅读。

描述算法通常有以下三种方式：

- 自然语言：是日常生活交流中使用的语言，易于理解，可以帮助读者对算法思想建立初步的理解，但常常无法精准且简练地描述算法。
- 数学表达：使用预先约定的一系列记号描述算法，既精准又简练，在自然语言的辅助下，可以帮助读者进一步理解并掌握算法思想。
- 代码实现：将算法思想转换为可以运行并输出预期结果的程序代码，可以帮助读者深刻理解并熟练掌握算法思想及其重要的细节。

从第 3 章起，建议读者阅读完每小节的内容后立即亲自动手进行大量练习，直至只参考书中的自然语言或数学表达便可自己写出实现算法思想的代码，然后再进入下一小节内容的学习。

配套资源获取

本书涉及的配套资源如下：

- 实例源代码；
- 配套教学视频；
- 人工智能专业词汇中英文对照表；
- 本书引用源列表。

读者可以通过以下两种途径获取本书配套资源：

- 关注微信公众号"AI 精研社"，然后发送"DL101"至该公众号进行获取。
- 在华章公司的网站（www.hzbook.com）上搜索到本书，然后单击"资料下载"按钮，即可在本书页面的右上方找到相关链接进行获取。

教学服务

本书非常适合作为高等院校人工智能专业的教材。为此，售后团队"AI 精研社"专门为相关授课老师提供以下教学支持：

- 赠送教学 PPT；
- 提供有偿的师资培训。

如果需要进一步了解详情，请关注"AI 精研社"微信公众号进行咨询，也可以给本书编辑发送电子邮件（627173439@qq.com）进行了解。

售后服务与勘误

"AI 精研社"为本书提供专业的售后服务。读者可以用手机扫描下面的二维码关注"AI 精研社"微信公众号。

"AI 精研社"微信公众号二维码

虽然笔者为本书的写作投入了大量的时间，并对书中的示例代码进行了反复测试、迭代和改进，但恐怕依然无法避免少量的错误与不当。

若读者发现本书有错误或不当之处，请联系"AI 精研社"进行反馈，笔者会及时更改并将勘误表发布到 GitHub、Gitee 和"AI 精研社"微信公众号中。另外，读者也可以给本书编辑发送电子邮件（地址见"教学服务"模块）进行反馈。

致谢

策划和写作本书的过程中，笔者得到了很多前辈和行业专家的指导、支持与帮助，笔者的家人与诸多好友也为此投入了大量的时间与精力，在此向他们表达诚挚的谢意！

还要特别感谢贾庸及其家人（小坏、坏妈）的支持与帮助！贾庸以其丰富的技术管理经验保障了本书及其相关支持系统的进度与质量。

还要特别感谢欧振旭编辑！他为本书的策划与运营推广提供了不可或缺的指导与帮助。

还要感谢本书的支持团队和策划团队，以及技术、内容和教学服务团队！

还有很多幕后小伙伴和热心网友也为本书提出了极有价值的反馈，在此一并表示感谢！

张光华

|目录|

第1章 环 境 搭 建

本书的特点为理论与实践并重，因此在正式学习算法之前需要在本地搭建好开发环境。本章内容按知识点的逻辑关系而非安装的先后顺序进行讲述，如果读者在学习 1.1 节或 1.2 节的内容时遇到安装问题，可以尝试从 1.3 节开始学习，亦可关注微信公众号 "AI精研社"，然后发送 DL001 获取帮助。

本书示例主要基于 Python 3.8 + TensorFlow 2.6.0 实现。

1.1 下载并安装 Python

建议在较新版本的操作系统上搭建开发环境，如 64 位的 Windows 10、macOS 11 或 Ubuntu 18.04。如果当前系统不方便升级，可以考虑安装双系统。

Python 是人工智能、机器学习和深度学习领域的主要开发语言之一，也是本书示例所使用的编程语言，因此在进入正式学习之前需要先在本地环境中搭建好 Python 开发环境。

可以访问 Python 官网下载页面，网址为 https://www.python.org/，在该页面上下载 Python 安装包即可。

如图 1-1 所示，浏览器成功加载了页面。

图 1-1　Python 官网下载页面

在如图 1-1 所示页面中单击 Download 下面的链接即可进入下载页面，然后根据自己使用的操作系统选择相应的下载链接即可。

需要说明的是，截至本书完稿时，TensorFlow 2.6.0 仅支持 Python3.6 至 3.9。安装过高或过低版本的 Python 将可能导致 TensorFlow 2.6.0 安装过程出现异常。

1.2 Python 软件环境管理工具 Anaconda

一些初学者从官网上下载 Python 安装包时可能会遇到以下问题：

- Python 官网偶尔会出现加载缓慢的情况，因此下载安装包时可能会遇到速度过慢甚至中断的情况；
- 即使成功安装了 Python，安装开发所需的第三方 Python 库时也可能会遭遇网络故障；
- 随着学习的深入，特别是在工作中，由于项目的需要，经常要在同一台计算机上安装不同版本的 Python 或同一个第三方 Python 库的不同版本。

Anaconda 可以帮助用户方便地解决上述问题。Anaconda 集成了 Python 与科学计算所需要的常用第三方库，同时还提供了软件环境管理功能，使用户在同一台计算机上可以安装和使用多个不同版本的 Python 及其第三方库。

1.2.1 下载 Anaconda

访问 Anaconda 官网，网址为 https://www.anaconda.com/。
如图 1-2 所示，浏览器成功加载了页面。

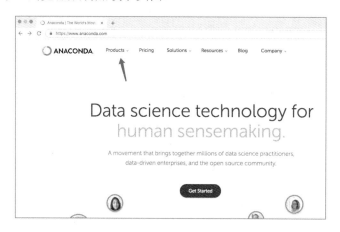

图 1-2　Anaconda 官网首页

将鼠标光标悬浮在图 1-2 中箭头所示位置，将弹出菜单，如图 1-3 所示。

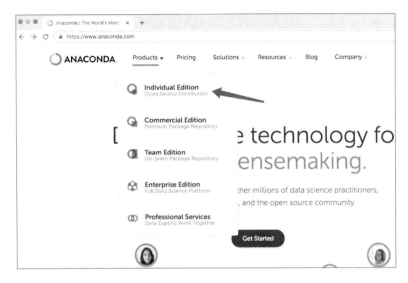

图 1-3　Anaconda 首页的 Products 菜单

单击如图 1-3 所示的箭头所示位置，页面将跳转至以下 URL：

https://www.anaconda.com/products/individual。

如图 1-4 所示，浏览器成功加载了页面。

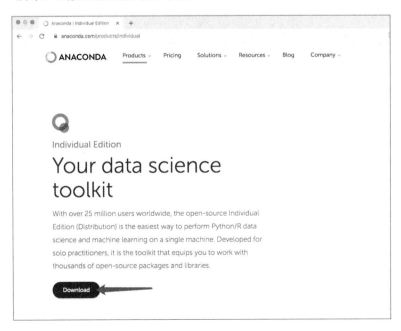

图 1-4　Anacondaindividual（个人版）页面

单击如图 1-4 所示的 Download 按钮，页面滚动至 Anaconda Installers 区域，如图 1-5 所示。

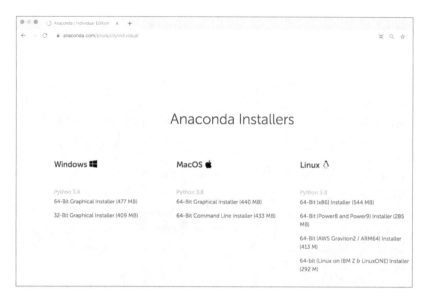

图 1-5　Anaconda 下载页面

根据开发环境的操作系统选择相应的安装包下载即可。如果下载速度过慢或中断，可以参考 1.3 节中的解决办法。

1.2.2　安装 Anaconda

下载完成后，启动安装程序，如图 1-6 所示，然后单击 Next 按钮，进入下一步，如图 1-7 所示。

图 1-6　Anaconda 安装界面 1

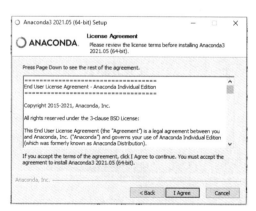

图 1-7　Anaconda 安装界面 2

单击 I Agree 按钮进入下一步，如图 1-8 所示。

这一步需要用户选择安装系统级还是用户级版本。如果不知道如何选择，建议选择用户级版本，即 Just Me 选项，这样对整个系统的影响较小。然后单击 Next 按钮进入下一步，如图 1-9 所示。

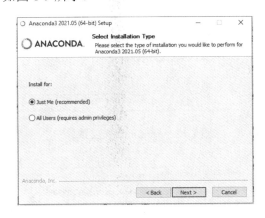
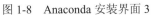

图 1-8　Anaconda 安装界面 3　　　　　　图 1-9　Anaconda 安装界面 4—选择安装路径

若读者对 Windows 上的应用软件的工作原理比较熟悉，可以选择将 Anaconda 安装到自定义的路径下，如果不熟悉，则建议直接单击 Next 按钮进入下一步，如图 1-10 所示。

勾选箭头所示的复选框，将 Anaconda 添加到当前用户的环境变量中，如图 1-11 所示。

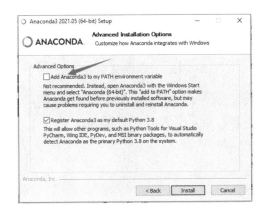
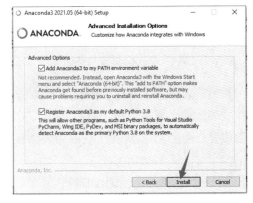

图 1-10　Anaconda 安装界面 5—高级选项　　　图 1-11　Anaconda 安装界面 6

单击 Install 按钮进入下一步，如图 1-12 所示。

不同的硬件配置所需要的安装时间也不同，通常需要几分钟到几十分钟不等，如图 1-12 所示。安装完成后的界面如图 1-13 所示。

单击 Next 按钮进入下一步，如图 1-14 所示。

取消箭头所示的两个复选框的勾选，然后单击 Finish 按钮完成安装，如图 1-15 所示。

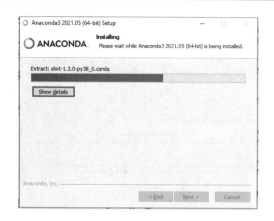

图 1-12　Anaconda 安装界面 7

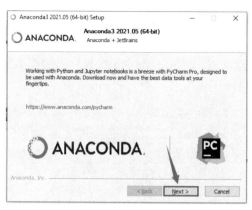

图 1-13　Anaconda 安装界面 8

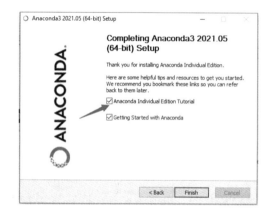

图 1-14　Anaconda 安装界面 9

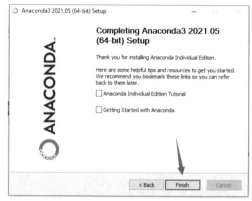

图 1-15　Anaconda 安装完成

　　如果读者需要了解在 Ubuntu、Mac 或其他类 UNIX 系统上安装 Anaconda 的方法，或者在安装过程中遇到问题，请参考《人工智能极简编程入门（基于 Python）》一书，或关注微信公众号"AI 精研社"获取相关的视频教程。

1.2.3　验证 Anaconda 的安装

　　一项工作是否真正完成，需要通过验收或验证环节来判断。在运行窗口中输入 cmd，如图 1-16 所示。

　　回车或单击 OK 按钮启动 cmd.exe，如图 1-17 所示。

　　在箭头所示位置输入以下命令查看当前 conda 环境信息：

```
conda info -e
```

运行结果如图 1-18 所示。

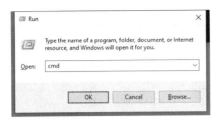

图 1-16 运行窗口

图 1-17 cmd 窗口

在运行窗口中输入以下命令：

```
%HOMEPATH%\anaconda3
```

运行结果如图 1-19 所示。

图 1-18 查看当前的 conda 环境信息

图 1-19 运行窗口

假定登录系统时使用的用户名为 dsspaceclub，则上述命令等同于：

```
C:\Users\dsspaceclub\anaconda3
```

回车或单击 OK 按钮即可打开 Anaconda 所在的文件夹，如图 1-20 所示。

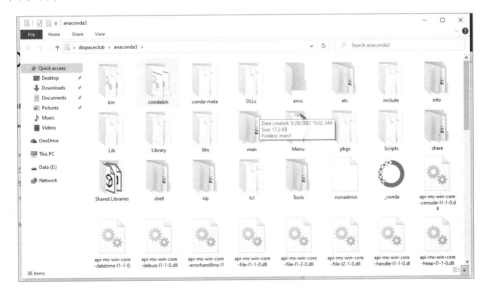

图 1-20 Anaconda 所在的文件夹

conda info -e 命令可以成功运行并输出 Anaconda base 的路径，说明 Anaconda 已经安装且配置成功。

1.3 通过 TUNA 加速 Anaconda

Anaconda 官网偶尔可能会出现加载缓慢的情况，下载安装包时也可能会遇到速度较慢甚至中断的情况，这时可以尝试通过 TUNA 下载 Anaconda。

1.3.1 清华大学开源软件镜像站 TUNA

TUNA 是清华大学开源软件镜像站的英文缩写，该站由清华大学信息化技术中心支持创办，由清华大学 TUNA 协会运行维护（清华大学 TUNA 协会，全名称为清华大学学生网络与开源软件协会，是由清华大学热爱网络技术和开源软件的极客组成的学生技术社团）。

根据相关法律法规，TUNA 不对欧盟用户提供服务。TUNA 存储服务器由旷视科技有限公司（Megvii Technology Inc.）赞助。

通过浏览器访问，网址为 https://mirrors.tuna.tsinghua.edu.cn/。

浏览器成功加载页面后如图 1-21 所示。

图 1-21 清华大学开源软件镜像站 1

单击图 1-21 中箭头所示的链接，页面跳转至以下 URL：

https://mirrors.tuna.tsinghua.edu.cn/anaconda/。

浏览器成功加载页面后如图 1-22 所示。

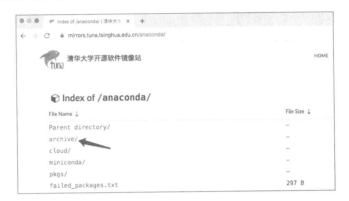

图 1-22　清华大学开源软件镜像站 Anaconda 页

单击图 1-22 中箭头所示的链接，页面跳转至以下 URL：

https://mirrors.tuna.tsinghua.edu.cn/anaconda/archive

浏览器成功加载页面后如图 1-23 所示。

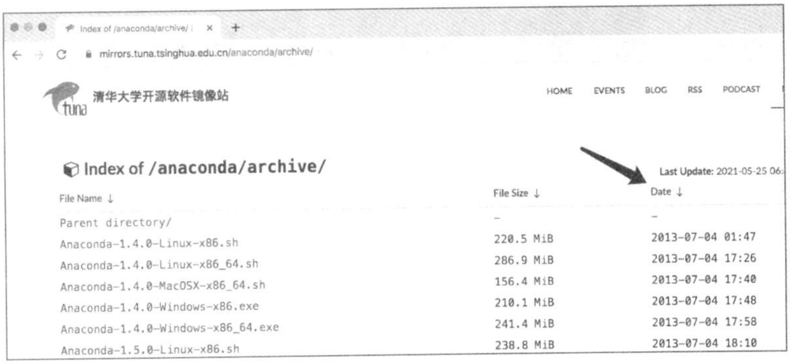

图 1-23　清华大学开源软件镜像站 AnacondaArchive 页

单击图 1-23 中箭头所示的链接，页面中的列表将按时间排序，定位到页面底部，可以看到最新版本的 Anaconda 下载链接，如图 1-24 所示。

根据自己的操作系统选择相应的安装包下载并安装即可。

如果下载缓慢，可尝试以下 URL：

https://mirrors.bfsu.edu.cn/anaconda/archive/

这个站点由北京外国语大学信息技术中心支持创办，由清华大学 TUNA 协会运行维护。

如果在安装过程中遇到问题，请参考《人工智能极简编程入门（基于 Python）》一书，或者通过本书的微信公众号获取相关的视频教程。

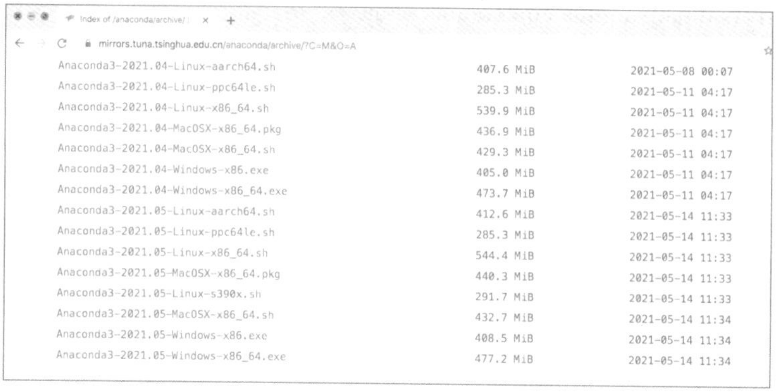

图 1-24　清华大学开源软件镜像站上的 Anaconda 下载链接

1.3.2　在 Windows 中设置 Anaconda 镜像通道

1.2 节曾讲过，安装所需要的第三方 Python 库偶尔可能会遭遇网络故障而导致安装失败。为避免用户自行安装第三方 Python 库遇到问题，Anaconda 在其安装包中集成了众多常用的第三方 Python 库。

但是学习与开发的需求是多种多样的，Anaconda 安装包中集成的第三方 Python 库并非总能满足全部需求。为此 Anaconda 提供了 conda install 命令，供用户自行安装所需要的第三方 Python 库。

通过将镜像通道设置为 TUNA，通常可以加速第三方 Python 库的安装过程。

在 cmd.exe 窗口中输入以下命令用于创建名为.condarc 的配置文件：

```
conda config
```

运行结果如图 1-25 所示。

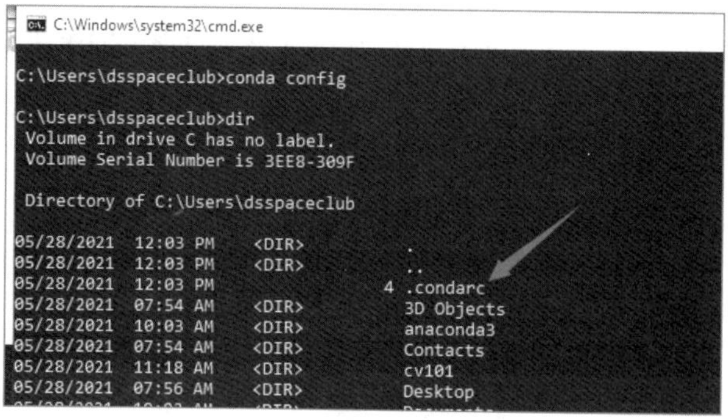

图 1-25　创建.condarc 配置文件

在 cmd.exe 或运行窗口中输入以下命令，如图 1-26 所示。

```
notepad .condarc
```

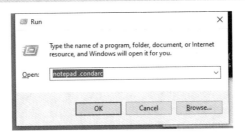

图 1-26　运行窗口

上面的命令将启动记事本程序编辑%HOMEPATH%目录下的.condarc 文件。

将以下内容直接复制并粘贴到刚刚打开的记事本文件中，保存后退出即可。

```
channels:
  - defaults
show_channel_urls: true
default_channels:
  - https://mirrors.tuna.tsinghua.edu.cn/anaconda/pkgs/main
  - https://mirrors.tuna.tsinghua.edu.cn/anaconda/pkgs/r
  - https://mirrors.tuna.tsinghua.edu.cn/anaconda/pkgs/msys2
custom_channels:
  conda-forge: https://mirrors.tuna.tsinghua.edu.cn/anaconda/cloud
  msys2: https://mirrors.tuna.tsinghua.edu.cn/anaconda/cloud
  bioconda: https://mirrors.tuna.tsinghua.edu.cn/anaconda/cloud
  menpo: https://mirrors.tuna.tsinghua.edu.cn/anaconda/cloud
  pytorch: https://mirrors.tuna.tsinghua.edu.cn/anaconda/cloud
  simpleitk: https://mirrors.tuna.tsinghua.edu.cn/anaconda/cloud
```

1.3.3　在类 UNIX 中设置 Anaconda 镜像通道

在 Ubuntu 或 Mac 系统的 Terminal 中输入以下命令：

```
nano ~/.condarc
```

注意，nano 命令与~/路径之间至少要有一个空格，如图 1-27 所示。

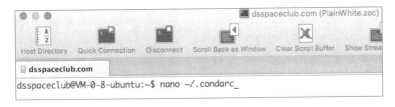

图 1-27　使用 nano 命令修改.condarc 文件

上面的命令将启动 nano 文本编辑器修改用户主目录下的.condarc 文件，然后回车，如

图 1-28 所示。

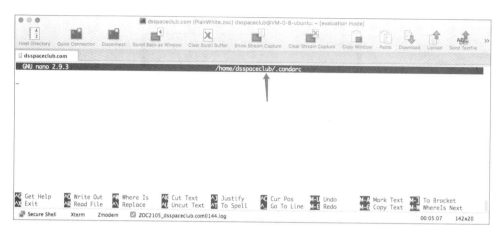

图 1-28 修改.condarc 文件

将 1.3.2 小节的配置文件内容复制到.condarc 文件中，然后按 Ctrl+X 键保存后退出即可。

需要说明的是，nano 是 Linux 文本编辑器，退出编辑的快捷键是 Ctrl+X。

1.4 使用 Jupyter Notebook

Jupyter Notebook 是业界流行的代码编辑与分享工具，极大地方便了行业内的交流，因此 Anaconda 在其发行包中集成了相关组件。

1.4.1 通过"开始"菜单启动 Jupyter Notebook

在 Windows 上成功安装 Anaconda 后，在"开始"菜单中可以看到相应的菜单项，如图 1-29 所示。

通过以上菜单项即可启动相应的程序，如 Jupyter Notebook。但使用这种方式启动 Notebook 后，其根目录为%HOMEPATH%，即用户主目录，因此首页会列出%HOMEPATH% 下的所有文件和文件夹，如图 1-30 所示。

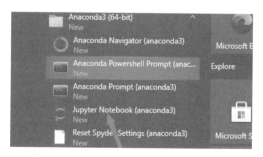

图 1-29 在 Windows "开始"菜单中

查看 Anaconda

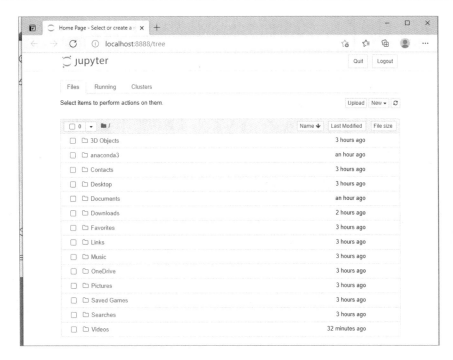

图 1-30 Jupyter Notebook 的根目录

1.4.2 通过命令行启动 Jupyter Notebook

有时，不必要的信息反而会造成干扰，因此有必要新建目录并在新的目录中启动 Jupyter Notebook。

启动 cmd.exe，按顺序输入以下命令，如图 1-31 所示。

```
mkdir DL101
cd DL101
jupyter notebook
```

需要说明的是，文件夹名"DL101"中的 DL 也可以写为小写的 dl，这是因为 Windows 文件夹名不区分大小写。

图 1-31 使用 cmd 命令启动 Jupyter Notebook

根据系统环境和配置的不同，Jupyter Notebook 启动可能需要几秒至十几秒，耐心等待即可。启动过程如图 1-32 所示。

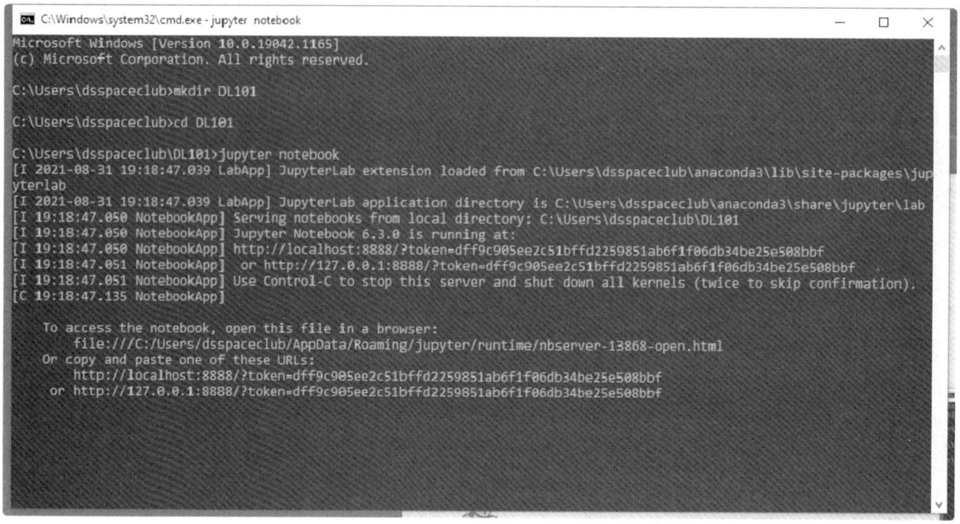

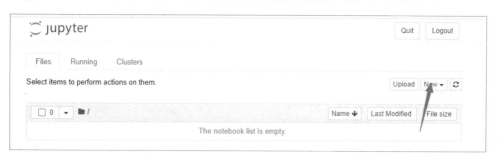

图 1-32　Jupyter Notebook 的启动过程

1.4.3　新建并重命名 Notebook

Jupyter Notebook 服务启动后会自动打开默认的浏览器，如图 1-33 所示。

图 1-33　Jupyter Notebook 启动后的浏览器页面

此时可以看到，首页的列表为空。这是因为 Jupyter Notebook 当前的启动根目录为 %HOMEPATH%\DL101，其中 DL101 是新建的空文件夹。

（1）单击如图 1-33 所示的 New 按钮，弹出新建菜单，如图 1-34 所示。

（2）选择 Python 3 选项，跳转至新的页面，如图 1-35 所示。

（3）单击图 1-35 中箭头所示的位置，修改文件名为 ch02_knn，如图 1-36 所示。

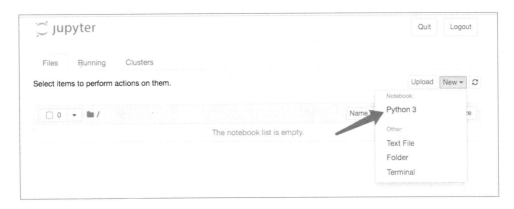

图 1-34　新建菜单页面

图 1-35　新建 Python 3 文件页面

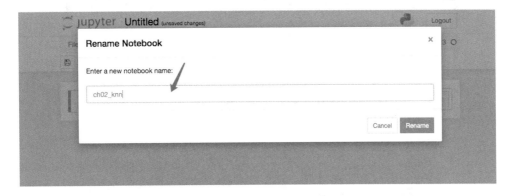

图 1-36　重命名 Python 3 文件

（4）回车或单击 Rename 按钮，即可完成文件的重命名和保存。

名为 ch02_knn.ipynb 的文件是一个 Jupyter Notebook（笔记本）文件，简称为一个 Notebook。若需要了解更多有关 Jupyter Notebook 的相关知识，请参考《人工智能极简编程入门（基于 Python）》一书或关注微信公众号"AI 精研社"。

ch02_knn.ipynb 将用于第 2 章的学习。

1.4.4 安装 Jupyter Notebook 插件

通过插件可以扩展 Jupyter Notebook 的功能。在浏览器中访问以下 URL 可下载 toc（目录）插件。

https://gitee.com/dsspaceclub/jupyter_notebook_extensions/tree/master/toc。

默认设置下，下载文件保存在%HOMEPATH%\Downloads 目录下，以用户 dsspaceclub 为例，该变量值为 C:\Users\dsspaceclub\Downloads。

通过 dir 命令可查看该目录中的文件列表，如图 1-37 所示。

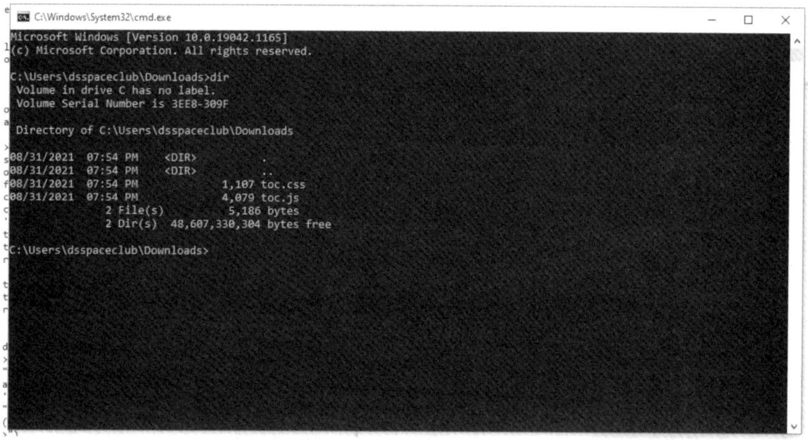

图 1-37 通过 cmd 窗口查看 Downloads 目录文件

依次运行以下命令，安装并启用 toc 插件，如图 1-38 所示。

```
jupyter nbextension install toc.js --user
jupyter nbextension install toc.css --user
jupyter nbextension enable toc --user
```

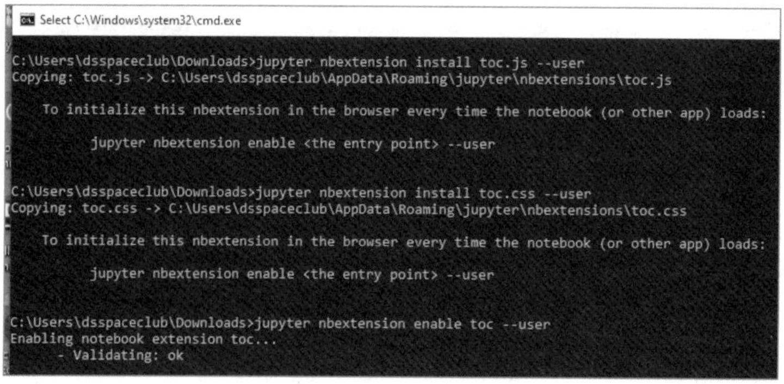

图 1-38 通过 cmd 窗口安装 Jupyter Notebook 插件 toc

默认配置下，该插件将安装至 AppData 下。在运行窗口或文件浏览器（explorer）的地址栏中输入以下地址可查看该目录。

```
%HOMEPATH%\AppData\Roaming\jupyter\nbextensions
```

运行结果如图 1-39 所示。

图 1-39　查看插件目录

1.5　安装 TensorFlow 2.6

TensorFlow 是业界流行的深度学习框架，由 Google 公司开发并维护，遵循 Apache License 2.0 开源协议。

本节将演示安装当前（截至 2021 年 8 月 31 日）最新的稳定版 TensorFlow 2.6 的过程。本书将结合 TensorFlow 与 scikit-learn 来讲解算法的代码实现，其中，scikit-learn 已包含在 Anaconda 中，TensorFlow 则需要手动安装。

1.5.1　通过 Notebook cell 安装 TensorFlow 2.6

通过 pip install 命令可以安装第三方 Python 库。本节以 Tensorflow 为例演示安装第三方 Python 库的方法。

在 Jupyter Notebook cell（单元）中输入以下命令：

```
!pip install tensorflow==2.6.0
```

请注意，该命令以英文半角感叹号 "!" 开始，这是在 Notebook cell 中运行 terminal/console 命令的方式。若在 terminal/console 中直接运行，则无须以感叹号 "!" 开头。

运行该 cell。[*]表示该 cell 正在运行，即 pip 正在安装 TensorFlow，如图 1-40 所示。

由于网络环境的不同，安装过程可能需要几分钟至十几分钟。如果安装时间超过 1 小时，建议中断安装过程，重新安装。

安装完成后，输出 Executing transaction:
done，如图 1-41 所示。

通常，一项任务完成后需要有验收或
验证的环节。在新的 cell 中输入以下代码：

```
import tensorflow as tf
tf.__version__
```

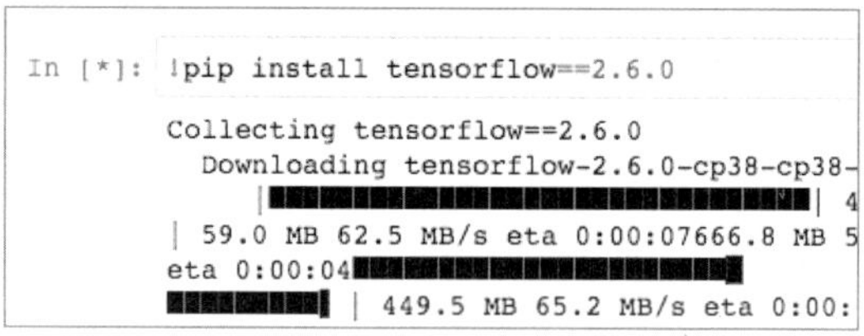

图 1-40　在 Jupyter Notebook cell 中
在线安装 TensorFlow

图 1-41　安装完成

第一行代码的作用是导入 TensorFlow 包，第二行代码的作用是查看当前的 TensorFlow
版本。如果是在 terminal/console 中运行.py 文件，则需要将
第 2 行代码替换为如下代码：

```
print(tf.__version__)
```

代码运行结果如图 1-42 所示。

如果可以看到如图 1-42 所示的输出结果（可能版本号
不同），则表示 TensorFlow 安装成功，那么读者可以进入第
2 章的学习。

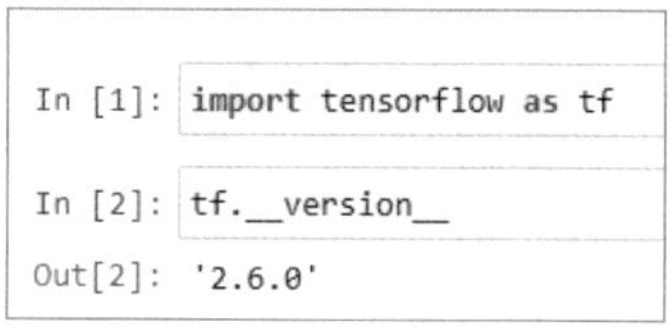

图 1-42　在 Jupyter Notebook 中
查看 TensorFlow 的版本

如果安装过程中遇到问题，可以参考 1.5.2 小节的相关内容。

1.5.2　通过 pip install 命令离线安装 TensorFlow

如果多次尝试运行 conda install 命令都失败，或长时间等待也未能完成安装，则可以
考虑使用离线方式安装 TensorFlow，即先手动下载.whl 文件到本地硬盘或其他存储设备
上，再通过 pip install 命令安装。

在浏览器中访问 https://pypi.tuna.tsinghua.edu.cn/simple/tensorflow。浏览器成功加载页

面后会显示 TensorFlow 各版本的.whl 文件列表，如图 1-43 所示。

　　由于该页面中的链接较多，可以使用页面查找工具搜索关键字 2.6.0，即可定位至页面底部，查看最新的版本。

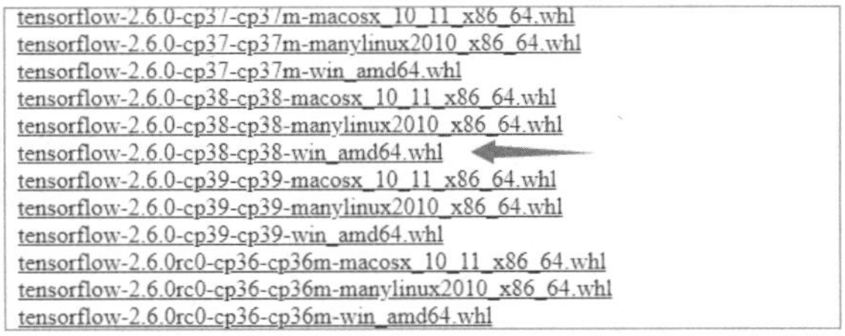

```
tensorflow-2.6.0-cp37/-cp37/m-macosx_10_11_x86_64.whl
tensorflow-2.6.0-cp37-cp37m-manylinux2010_x86_64.whl
tensorflow-2.6.0-cp37-cp37m-win_amd64.whl
tensorflow-2.6.0-cp38-cp38-macosx_10_11_x86_64.whl
tensorflow-2.6.0-cp38-cp38-manylinux2010_x86_64.whl
tensorflow-2.6.0-cp38-cp38-win_amd64.whl
tensorflow-2.6.0-cp39-cp39-macosx_10_11_x86_64.whl
tensorflow-2.6.0-cp39-cp39-manylinux2010_x86_64.whl
tensorflow-2.6.0-cp39-cp39-win_amd64.whl
tensorflow-2.6.0rc0-cp36-cp36m-macosx_10_11_x86_64.whl
tensorflow-2.6.0rc0-cp36-cp36m-manylinux2010_x86_64.whl
tensorflow-2.6.0rc0-cp36-cp36m-win_amd64.whl
```

图 1-43　TensorFlow 各版本的.whl 文件列表

　　根据本地操作系统选择相应的安装包。以 Windows 10 为例，单击图 1-43 中箭头所示的链接，即可启动下载。

　　如果 TUNA 下载缓慢，也可以通过以下 URL 访问 PyPI 官网：

```
https://pypi.org/project/tensorflow/#files
```

默认设置下，下载目录为%HOMEPATH%\Downloads。

在 cmd.exe 窗口中依次输入以下命令：

```
cd Downloads
dir
pip install tensorflow-2.6.0-cp38-cp38-win_amd64.whl
```

　　最后一行表示通过 pip 命令安装当前目录下的.whl 文件，因此需要输入完整的文件名。如果当前目录下只有一个名为 tensorflow-xxx 的文件，输入 pip install tensorflow 后按 Tab 键即可将命令自动补全，然后回车，便可启动安装程序，如图 1-44 所示。

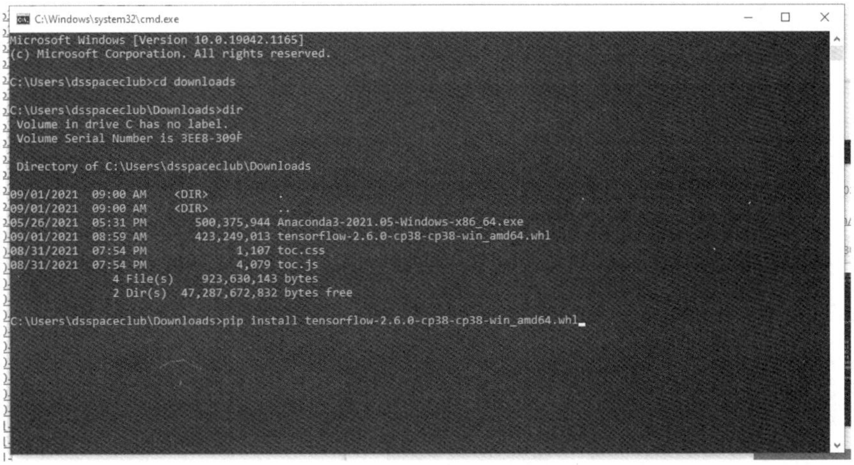

图 1-44　在 cmd 窗口中通过 pip 命令下载.whl 文件安装 TensorFlow

安装过程可能需要几分钟，耐心等待即可。安装完成后，结果如图 1-45 所示。

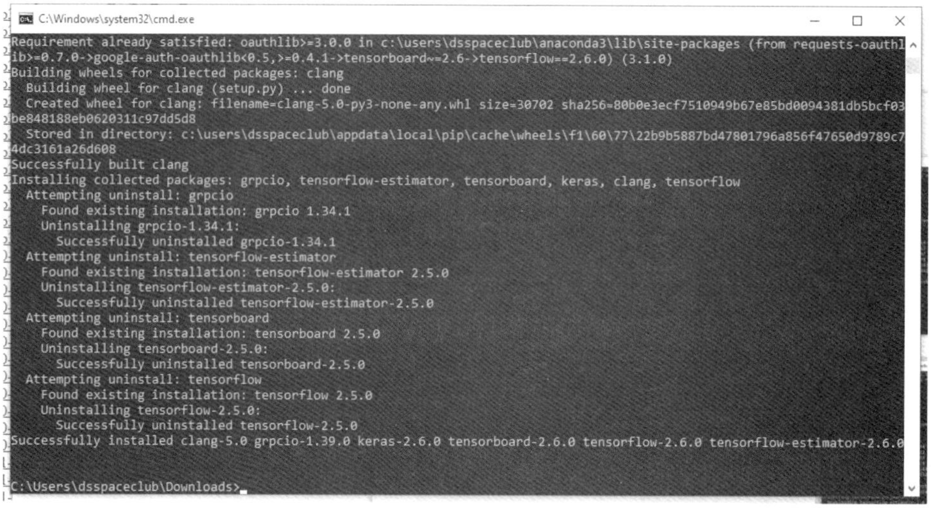

图 1-45　安装完成提示

请参考 1.5.1 小节中的方法测试 TensorFlow。如果可以看到 TensorFlow 的版本号，则说明 TensorFlow 安装成功，准备工作已经完成。可以先休息一下，之后进入第 2 章，开启我们的算法之旅。

1.6　小结与补充说明

截至 2021 年 9 月 1 日，Anaconda 的最新版为 Anaconda3-2021.05，对应的 Python 版本为 3.8，因此本章以 tensorflow-2.6.0-cp38 为例演示了开发环境的搭建步骤。可简单归纳为：

- 通过 TUNA 下载并安装 Anaconda；
- 通过 TUNA 下载并安装 tensorflow-2.6.0-cp38。

若需要使用 Python 3.9 或更高版本，则可以尝试使用以下命令升级 Python 版本。

```
!conda install python=3.9 -y
```

运行结果如图 1-46 所示。

需要注意的是，本书示例主要基于 Python 3.8 + TensorFlow 2.6.0 编号。图 1-46 仅用于演示升级 Python 版本的方法，并非搭建本书所需开发环境的必要步骤。

由于软件版本更新速度较快，读者可关注微信公众号 "AI 精研社"，然后发送 DL001 获取 Python 最新的稳定版本的开发环境的搭建步骤。

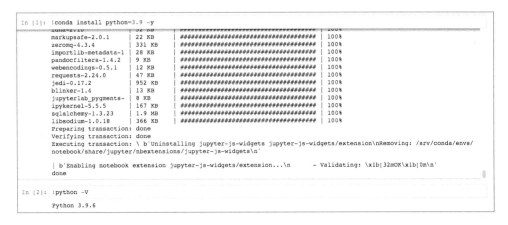

图 1-46　升级 Python 版本

在浏览器中访问以下 URL 可以查看 TensorFlow 官网的相关安装信息。

```
https://www.tensorflow.org/install
```

需要说明的是，TensorFlow 官网给出的系统需求如下：
- Python 3.6–3.9；
- Ubuntu 16.04 及以上；
- Windows 7 及以上；
- macOS 10.12.6（Sierra）及以上。

但在实践中笔者发现，使用 1.1 节中建议的操作系统可以减少在搭建环境时出故障的可能性。

在本书中，用户主目录和用户家目录为同一个概念，均指系统为用户创建的默认目录。通过以下命令可以进入该目录：

```
cd ~/
```

需要注意的是，cd 与~/之间至少要有一个半角英文空格。

另外，本书中以 3 种形式（TensorFlow、tensorflow 和 tf）提及 TensorFlow，第一种指 Google 公司研发并维护的深度学习框架（Python 软件包），后两种指使用该框架的 Python 代码。

若读者在安装过程中遇到问题，或需要了解 Python 和计算机视觉的相关基础知识，可参考《人工智能极简编程入门（基于 Python）》一书，或关注微信公众号"AI 精研社"获取相关的视频教程。

第2章 使用 k 近邻算法识别
手写数字图像

【学习目标】
- 初步理解训练集、测试集、样本、特征、特征向量和标签的含义；
- 初步理解模型评估与准确率的含义；
- 初步掌握数据探查的相关操作；
- 初步掌握 scikit-learn、TensorFlow 与 Keras 的使用；
- 回顾 NumPy 与 Matplotlib 的基本使用；
- 了解机器学习的基本工作流程。

手写数字图像识别是机器学习、深度学习和计算机视觉中的经典任务，经常作为图像多分类任务算法的 Benchmark（基准）。

本章以 k 近邻（k-Nearest Neighbors，k-NN）算法在手写数字图像识别中的应用为例，解释机器学习中的一些基本概念，回顾 NumPy 与 Matplotlib 的基本使用，让读者初步掌握 scikit-learn、TensorFlow 与 Keras 的基本使用。

2.1   手写数字图像数据集 MNIST

MNIST 是经典的手写数字（handwritten digits）图像数据集。其中，**训练数据集**（training set，简称**训练集**）包含 60 000 个样本，**测试数据集**（test set，简称**测试集**）包含 10 000 个样本。

图 2-1 展示了 MNIST 训练集的前 15 个样本。每幅图像代表一个手写数字，每个方框下方的数字是这个图像对应的标签（label）。

一幅图像及其对应的标签构成了一个输入/输出对，例如，图 2-1 左上角的图像与其正下方的 5 构成了一个输入/输出对，我们把这个输入/输出对称为一个样本（sample/example）。输入通常由**特征向量**（feature vector）表示。例如，图 2-1 左上角的图像的原始数据是一个 784 维的特征向量。

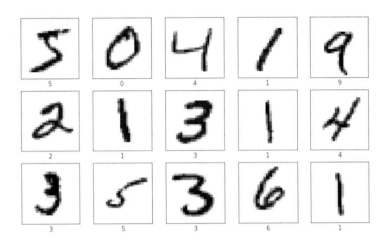

图 2-1   MNIST 训练集的前 15 个样本

本章将训练一个 k-NN 模型，其输入是 784 维的特征向量，输出为相应标签的预测值，即，给定任意一个表示手写数字的 784 维向量，预测它是 0~9 中的哪一个。

2.1.1   使用 TensorFlow 加载 MNIST

先来看一段示例代码：

```
%matplotlib inline
import matplotlib.pyplot as plt
from tensorflow import keras
def ds_imshow(im_data, im_label):
    plt.figure(figsize=(10,10))
    for i in range(len(im_data)):
        plt.subplot(5,5,i+1)
        plt.xticks([])
        plt.yticks([])
        plt.grid(False)
        plt.imshow(im_data[i], cmap=plt.cm.binary)
        plt.xlabel(im_label[i])
    plt.show()
(x_train, y_train), (x_test, y_test) = keras.datasets.mnist.load_data()
ds_imshow(x_train[:15].reshape((15,28,28)), y_train[:15])
```

上面的代码在导入必要的模块后定义了一个名为 ds_imshow()的函数，然后加载数据集，最后将加载的数据作为参数并调用 ds_imshow()函数显示图像。

其中，%matplotlib inline 需要在新建 Notebook 后且首次调用 plt.show()之前运行，仅需运行一次即可作用于整个 Notebook。

ds_imshow()函数将传入的 NumPy 数组显示为图像，参数 im_data 用于接收图像数组，每幅图像表示一个样本特征，im_label 是与之对应的标签。

keras.datasets.mnist.load_data()方法用于加载数据集，首次运行时需要用十几秒到几分钟的时间进行远程下载，再次使用时将从本地加载。

数组 x_train 表示训练集中 60 000 个像素为 28×28 的手写数字灰度图像，y_train 表示与之对应的标签集合；x_test 表示测试集中 10 000 个像素为 28×28 的手写数字灰度图像，y_test 表示与之对应的标签集合。

示例中的最后一行代码是调用 ds_imshow()函数将训练集中的前 15 个样本绘制为图像，并在每幅图像的正下方显示与之对应的标签。例如，y_train[0]为 5，表示与之对应的 x_train[0]是手写数字 5 的灰度图像，即位于图 2-1 左上角的样本。

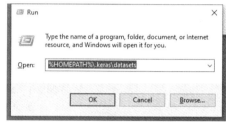

Keras 默认是将数据集文件（mnist.npz）存储在用户家目录下的.keras\datasets 中。在 Windows 运行窗口中输入以下命令，如图 2-2 所示。

```
%HOMEPATH%\.keras\datasets
```

回车或单击 OK 按钮即可以查看该目录。

图 2-2　Windows 运行窗口

2.1.2　使用 scikit-learn 加载 MNIST

与 keras.datasets.mnist.load_data()方法类似，scikit-learn 也提供了加载 MNIST 数据集的方法，通过以下代码可以导入 datasets 模块。

```
from sklearn import datasets
```

以下两行代码用于加载 MNIST 数据集，并将数据集中的前 15 个样本绘制为图像：

```
mnist = datasets.load_digits()
ds_imshow(mnist.data[:15].reshape((15,8,8)), mnist.target[:15])
```

程序运行结果如图 2-3 所示。

细心的读者可能已经发现了一个问题，MNIST 的每个样本的像素是 28×28，而代码中却将每个样本调整为(8,8)。这是因为 datasets.load_digits()加载的样本像素并非是28×28，而是 8×8，所以图像显得比较模糊。

尽管 scikit-learn 也提供了以下方法用于加载 28×28 像素版本的 MNIST：

```
from sklearn.datasets import fetch_openml
X, y = fetch_openml('mnist_784', version=1, return_X_y=True, as_frame=
False)
```

但是偶尔会遭遇加载缓慢甚至失败。因此建议读者使用 keras.datasets.mnist.load_data()方法加载 28×28 像素版本的 MNIST。

```
from sklearn import datasets

mnist = datasets.load_digits()
ds_imshow(mnist.data[:15].reshape((15,8,8)), mnist.target[:15])
```

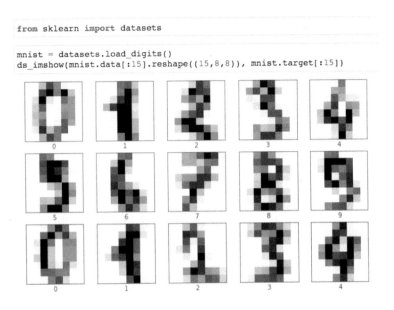

图 2-3　运行结果

2.2　分类器与准确率

分类任务是一种常见的机器学习任务。在分类任务中，学习算法将会针对给定的训练数据返回一个模型，该模型可以预测给定的输入数据的所属类别，如图 2-4 所示。

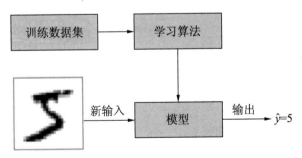

图 2-4　分类任务过程

机器学习分类任务中的模型也称作**分类器**（classifier）。在图 2-4 中，模型的输入是一幅图像（由一个二维数组表示），输出是该图像的所属类别，即 0～9 的某个整数。

需要说明的是，在真实场景中，模型通常会有一定的概率预测错误，如图 2-5 所示。

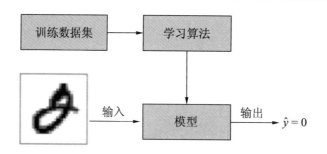

图 2-5　分类器对图像进行分类的过程

图 2-5 中所示的模型输入为一幅手写数字 2 的图像（由一个二维数组表示），但模型错误地将其分类为 0。在该例中，图像真正的类别称为 **ground-truth**（真实值），用小写字母 y 表示；模型的输出称为**预测值**（prediction），用小写字母 $\hat{y}$ 表示，读作 y hat。

在 MNIST 手写数字图像识别任务中，输入为一幅 28×28 像素的灰度图像，机器学习的目标是，通过算法训练出模型，使模型可以预测输入图像中的手写数字是 0~9 中的哪一个。

以图 2-6 中左上角的样本为例，若模型将其归类为 2，则判断正确，若模型将其归类为其他数字（如 7），则判断错误。

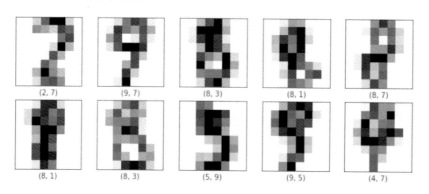

图 2-6　手写数字图像样本

在一次测试中，若给定 100 张图，其中 95 张图模型判断正确，其余 5 张判断错误，则这次测试中模型的**准确率**（accuracy）为 95%。

需要说明的是，测试数据与训练数据不应是同一批数据。例如，若测试使用的是测试集中前 100 个样本 x_test[:100]，则训练集不应包含这 100 个样本。

2.3　k 近邻算法的基本思想

k 近邻算法可用于分类与回归任务，本书只讨论其在分类任务中的应用。以 MNIST

为例，k 近邻算法的基本思想是：给定一个训练集（例如，从 x_train 中随机取 1000 个样本），对任意新输入（如 MNIST 中的其他图像），找到与新输入最相近的 *k* 个样本，*k* 中的多数（众数）属于某个类（如数字 5），则将新输入归为这一类（即，预测该图像为手写数字 5）。

　　当 *k* 值取 1 时，k 近邻也被称作最近邻。此时，给定一个新输入，模型会将其与训练集中的所有样本依次进行比较，找出与新输入最相近的样本（如某个手写数字 5 的图像），然后将新输入归类为这个样本所属类别（即，将其识别为手写数字 5）。

　　若取 MNIST 的前 1000（通常以 *N* 表示）个样本作为训练集，同时将 *k* 也取值为 1000，则任意新输入都将被归类为训练集中占比最高的数字。这样的模型的研究空间可能不大。

　　因此在将 k 近邻算法应用于 MNIST 图像分类时，可以通过调节 *k* 与 *N* 的取值使模型达到较好的预测效果。

2.4　利用 k-NN 识别 MNIST

　　本节将使用 scikit-learn 提供的 k-NN 模块（sklearn.neighbors）对 MNIST 数据集进行识别。若将 60 000 个样本全部用作训练集，将会导致耗时过长。因此，本节中的示例从 x_train 中随机抽取 1100 个样本，其中，1000 个用作训练集，剩下的 100 个用作测试集。

2.4.1　划分数据集

　　本节在 2.1.1 小节的基础上，通过 np.random.choice() 方法从 x_train 中随机取 1100 个样本。为了方便复现书中的效果，代码中使用了 np.random.seed() 方法。建议读者在复现书中示例后注释掉该行代码或设置不同的 seed 值来体验更多的可能性。

　　在以下代码中定义一个函数，将给定的 NumPy 数组划分为训练集和测试集。其中，size_train 表示需要生成的训练集的样本个数，size_test 表示需要生成的测试集的样本个数。该函数仅用于教学演示，省略了异常处理，请勿直接用于生产环境。

```
def split_set(x_arr, y_arr, size_train, size_test, seed):
    np.random.seed(seed)
    idx_tt = np.random.choice(len(x_arr), size=size_train + size_test,
replace=False)
    idx_train = idx_tt[:size_train]
    idx_test = idx_tt[size_train:]
    x_train = x_arr[idx_train]
    y_train = y_arr[idx_train]
    x_test = x_arr[idx_test]
    y_test = y_arr[idx_test]
    return (x_train, y_train, x_test, y_test)
```

通常，当定义了一个函数后，应立即对其进行测试。以下代码将一个包含 3 个样本及标签的数据集划分为训练集和测试集。

```python
import numpy as np
(x_train, y_train, x_test, y_test) = split_set(np.array([[1],[2],[3]]),
np.array([1,2,3]),2,1,1)
```

程序运行结果如图 2-7 所示。

```python
import numpy as np
(x_train, y_train, x_test, y_test) = split_set(
    np.array([[1],[2],[3]]), np.array([1,2,3]),2,1,1)
print('训练集样本：')
print(x_train)
print('-'*9)
print('训练集标签：')
print(y_train)
print('-'*9)
print('测试集样本：')
print(x_test)
print('-'*9)
print('测试集标签：')
print(y_test)

训练集样本：
[[1]
 [3]]
---------
训练集标签：
[1 3]
---------
测试集样本：
[[2]]
---------
测试集标签：
[2]
```

图 2-7　程序运行结果

测试成功后，通过以下代码对 MNIST 的 x_train 进行划分：

```python
from tensorflow import keras
(x_train, y_train), (x_test, y_test) = keras.datasets.mnist.load_data()
(x_train_1k, y_train_1k, x_test_1k, y_test_1k) = split_set(x_train,
y_train, 1000, 100, 2021)
```

上述代码先调用 keras.datasets.mnist.load_data()方法加载 TensorFlow 的 MNIST 数据集，然后调用 split_set()函数对其中的 x_train 和 y_train 进行划分。调用函数 split_set()时的最后一个参数是 seed 值，用于在 Jupyter Notebook 环境中复现示例效果。

x_train_1k 和 y_train_1k、x_test_1k 和 y_test_1k 均用于接收函数的返回值，它们分别表示划分得到的训练集样本与标签、测试集样本与标签，下划线_1k 表示这一组数据集来自 MNIST 中的 1100 个样本，与 x_train、y_train、x_test 和 y_test 相区别。

需要说明的是，scikit-learn 提供了 train_test_split()函数用于数据集的划分，本小节使用自定义函数是为了方便读者了解划分数据集的过程。

2.4.2　识别 MNIST 与模型评估

划分好训练集与测试集后，通过调用 scikit-learn 提供的 k 近邻算法（sklearn.neighbors 模块中的 KNeighborsClassifier 类），可以对测试集中的样本进行预测（亦称模型推断），代码如下：

```
def train_predict(x_train, y_train, x_test, y_test, n_neighbors):
    from sklearn.neighbors import KNeighborsClassifier
    import time
    res = 28
    t_start = time.time()
    model = KNeighborsClassifier(n_neighbors=n_neighbors)
    model.fit(x_train.reshape((len(x_train), res * res)), y_train)
    predictions = model.predict(x_test.reshape((len(x_test), res * res)))
    t_elapsed = (time.time() - t_start)
    print('%.2f seconds' % t_elapsed)
    print('accuracy:', len(np.where(np.equal(y_test, predictions))[0]) /
len(y_test))
    return predictions
```

以上示例中定义的 train_predict() 方法用于对 KNeighborsClassifier 类提供的训练、预测进行封装，并计算其耗时与准确率，以方便对模型进行评估。

为了方便理解准确率，我们在 2.4.1 小节中将测试集样本个数划分为 100，因此，若模型判断正确的个数为 90，则准确率为 0.9。

调用该函数对测试集进行预测，代码如下：

```
predictions = train_predict(x_train_1k, y_train_1k, x_test_1k, y_test_1k, 15)
```

其中，调用 train_predict() 函数时的最后一个参数 15 是 k-NN 中的 k 值，选取不同的 k 值将可能影响耗时与准确率，predictions 用于接收模型的预测结果。运行结果如图 2-8 所示。

```
predictions = train_predict(x_train_1k, y_train_1k, x_test_1k, y_test_1k, 15)

0.03 seconds
accuracy: 0.78
```

图 2-8　运行结果

由于硬件配置不同，读者在本地环境运行该示例时的耗时可能会有所不同。准确率为 0.78，表示在给定的测试集 x_test_1k 中模型错判了 22 个。

需要说明的是，本书的重点在于深度学习算法基础，在传统的机器学习算法方面（如 k 近邻）不会进行详细的讨论，因此本小节中的示例直接调用 scikit-learn 提供的 k 近邻算法来解释机器学习中的一些基本概念。若需要对 k 近邻算法进行更深入的了解，或者想亲自动手实现 k 近邻算法，可关注微信公众号 "AI 精研社" 获取相关信息。

还要说明的是，虽然函数名为 train_predict()，但实际上 k 近邻算法并不存在真正的训练/学习阶段，有关模型的训练/学习，将在第 3 章及后续章节中详细讲解。

2.4.3 数据探查

在 2.1 节中我们通过 plt.imshow()方法以可视化的方式查看了数据集中的部分样本，了解样本的相关信息，这个环节称为**数据探查**。

不仅在训练、预测之前需要进行数据探查，在训练、评估、优化及其他多个阶段，适当的数据探查可以帮助算法工程师了解模型的训练情况，以便及时进行调整。

通过以下代码可以筛选出模型判断错误的样本：

```
err_idx = np.where(np.not_equal(y_test_1k, predictions))[0]
```

调用 2.1.1 小节中定义的 ds_imshow()函数，以可视化的方式查看模型判断错误的样本。代码如下：

```
ds_imshow(x_test_1k[err_idx],
        np.array([y_test_1k[err_idx],predictions[err_idx]]).T)
```

需要注意的是，上述代码并非与 2.1.1 小节中的代码完全相同，x_test_1k 样本集与 y_test_1k 标签集由 2.4.1 小节中的示例产生，而非 TensorFlow 中 MNIST 数据集的原有划分。通过 err_idx 的筛选，代码仅呈现模型判断错误的样本，运行结果如图 2-9 所示。

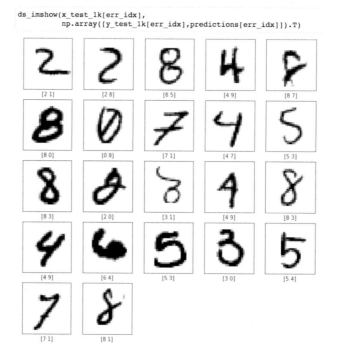

图 2-9　模型错判的样本

图 2-9 中的每个方框下方都显示了相应的一组类别。以左上角样本为例，MNIST 数据集中的标签为 2，即手写数字 2，而模型将其判断为 1，因此判断错误。

Python 变量 err_idx 指向了一个 list，其中存储了模型误分类样本的 index（索引）。以下代码用于查看其中一个样本在 x_test_1k 中的 index。

```
idx = err_idx[11]
idx
```

代码运行结果如下：

```
45
```

即 x_test_1k 中的 index 为 45。

以下代码用于查看模型对该样本的预测值及数据集中该样本对应的真实值。

```
ds_imshow([x_test_1k[idx]], [(y_test_1k[idx], predictions[idx])])
```

由于 idx=45，所以上述代码等同于以下代码：

```
ds_imshow([x_test_1k[45]], [(y_test_1k[45], predictions[45])])
```

代码运行结果如图 2-10 所示。

```
1  ds_imshow([x_test_1k[idx]], [(y_test_1k[idx], predictions[idx])])
```

(2, 0)

```
1  ds_imshow([x_test_1k[45]], [(y_test_1k[45], predictions[45])])
```

(2, 0)

图 2-10　查看模型对样本的预测值及数据集中样本的真实值

可以想到，该样本即使由人类来判断也可能会错判。

需要说明的是，本小节在绘制错判样本时，将数据集中的标签与模型的预测封装成了 NumPy 数组，以传参给 ds_imshow() 函数。另一种方式是封装为 tuple（元组），代码如下：

```
ds_imshow(x_test_1k[err_idx],
        tuple(map(tuple, np.array([y_test_1k[err_idx],predictions[err_
idx]]).T)))
```

2.4.4　性能优化

有时通过扩充训练集可以提高模型的性能，如准确率。以下代码将 k-NN 所使用的训练集调整为 2000 并调用 train_predict()函数：

```
(x_train_2k, y_train_2k, x_test_2k, y_test_2k) = split_set(x_train, y_
train, 2000, 100, 2021)
predictions_2k = train_predict(x_train_2k, y_train_2k, x_test_2k, y_
test_2k, 15)
```

模型预测准确率提升至 0.9，如图 2-11 所示。

```
(x_train_2k, y_train_2k, x_test_2k, y_test_2k) = split_set(x_train, y_train, 2000, 100, 2021)
predictions_2k = train_predict(x_train_2k, y_train_2k, x_test_2k, y_test_2k, 15)

0.05 seconds
accuracy: 0.9
```

图 2-11　通过调整训练集提升准确率

本小节将训练集调整为 2000，而测试集仍然为 100。读者可以尝试继续调整训练集和测试集的样本个数。需要注意的是，训练集与测试集的总数应小于或等于 60 000。

2.4.5　调参

在很多情况下，增加训练样本通常意味着增加研发成本，并且在一些任务中（如某些医学图像领域），即使增加研发费用，往往也无法在短期内获取大量的样本。

因此，通过调整算法中的参数来提升模型的性能是算法工程师的日常工作。为方便阐述，我们将算法工作人员调整参数以提升模型性能的操作简称为调参。

在使用 k 近邻算法时，合理地调整其 k 值，通常可以提升模型的性能。

以下代码将 k 值分别调整为 10 和 8：

```
predictions_2k = train_predict(x_train_2k, y_train_2k, x_test_2k, y_test
_2k, 10)
predictions_2k = train_predict(x_train_2k, y_train_2k, x_test_2k, y_test
_2k, 8)
```

可以看到，性能也随之提升了，如图 2-12 所示。

```
predictions_2k = train_predict(x_train_2k, y_train_2k, x_test_2k, y_test_2k, 10)

0.05 seconds
accuracy: 0.92

predictions_2k = train_predict(x_train_2k, y_train_2k, x_test_2k, y_test_2k, 8)

0.05 seconds
accuracy: 0.93
```

图 2-12　通过调整 k 值提升模型的性能

2.4.6　最近邻再探查

通过 2.4.5 小节中的示例可以看到，调整 *k* 值有时可以影响模型的准确率，但不是每次调整都一定能影响模型的准确率，如图 2-13 所示。

```
predictions_2k = train_predict(x_train_2k, y_train_2k, x_test_2k, y_test_2k, 1)

0.05 seconds
accuracy: 0.93
```

图 2-13　调参不能影响模型准确率的情况

可以看到，模型的准确率并没有随着 *k* 值的变化而改变。

值得说明的是，由于 *k* 值取 1，模型变为最近邻。

以下代码与 2.4.3 小节中的示例相同，先筛选出模型误判的样本，再将其绘制为图像。

```
err_idx_2k = np.where(np.not_equal(y_test_2k, predictions_2k))[0]
ds_imshow(x_test_2k[err_idx_2k],
        np.array([y_test_2k[err_idx_2k], predictions_2k[err_idx_2k]]).T)
```

程序运行结果如图 2-14 所示。

```
err_idx_2k = np.where(np.not_equal(y_test_2k, predictions_2k))[0]
ds_imshow(x_test_2k[err_idx_2k],
        np.array([y_test_2k[err_idx_2k], predictions_2k[err_idx_2k]]).T)
```

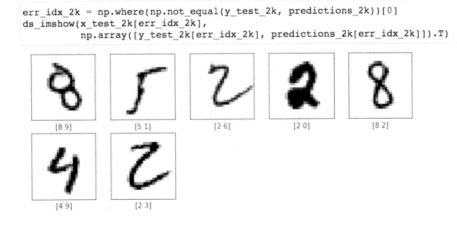

图 2-14　最近邻模型误判的样本

2.5　k-NN 中的距离度量

2.4 节我们以 k-NN 在 MNIST 的简单应用为例，对机器学习中的一些基础概念进行了简单的解释。

为方便理解，2.4.6 小节的示例将 k 值取为 1，模型变为最近邻算法。对给定的新输入，模型将之与训练集中的所有样本（x_train_2k）依次进行比较，找出与新输入最相近的样本，然后将新输入归类为这个样本所属的类别。

模型用来判断新输入与样本相近程度的方法，称为**距离度量**（distance metric）。KNeighborsClassifier 类默认使用的距离度量为**欧氏距离**（Euclidean distance）。

2.6　小结与补充说明

本章以 k-NN 在 MNIST 中的应用为例，解释了训练集、测试集、样本、标签和准确率等概念，这些概念是后续章节进行机器学习、深度学习等相关介绍的基础。

本章的主要目标在于帮助读者熟悉 scikit-learn 的基本操作，如导入 datasets 模块，加载数据集，回顾 NumPy 与 Matplotlib 的基本使用，通过案例初步了解机器学习的基本工作流程（workflow），因此没有详细解释算法细节。从第 3 章开始，我们将以 3 种方式（文字表述、数学表达与代码实现）一一对应的形式详细讲解算法思想。

机器学习的基本工作流程如下：

（1）获取数据（如 keras.datasets.mnist.load_data()、datasets.load_digits()）。

（2）数据探查。

（3）选择或定义合适的模型、损失函数与优化算法。

（4）在训练集上训练模型。

（5）在测试集上评估模型。

需要说明的是，在实际项目中，获取数据阶段可能涉及多个环节，如数据采集、数据标注、数据清洗，而本书的重点在于帮助读者掌握若干重要的算法思想，因而将这一环节进行了简化。更精确地说，keras.datasets.mnist.load_data()和 datasets.load_digits()等 Python 方法仅仅是将准备好的数据加载至内存，而实际的烦琐的数据准备过程已经由其他研究人员和工程师完成了。

数据探查是处理机器学习、数据分析和数据科学问题时的必要环节。在该环节中，相关工作人员必须要对需要处理的数据特点有清晰的了解，如数据规模、数据维度和数据类型，应结合目标问题和任务选择合适的模型。

在选择模型阶段，算法相关工作人员应结合前述的分析与自己的经验，选择合适的模型进行尝试，在实际项目中，通常很难达到一次即通过，需要不断地调整模型、超参数或定义新模型来满足实际业务需要，这也是算法研究人员、算法工程师及其他算法相关工作人员的主要日常工作。

在选择/定义模型后，将训练数据集"喂（供给/供应/feed）"给模型进行训练，通过模型在训练集与测试集上的性能（如准确率），对模型进行评估。

通常情况下，模型的训练与预测是两个步骤，相应的代码调用为 model.fit() 与 model.predict()。本章示例代码中也显式地调用了 fit() 方法，但实际上，k 近邻算法并没有显式的训练/学习过程，从这个角度看，k 近邻算法比其他算法更简单、直观。第 3 章将详细讲解模型的**学习/训练**过程。

在讨论机器学习、深度学习问题时，"学习（learning）"与"训练（training）"通常表达相同的含义，即找到一组合适的参数，使模型尽可能正确地完成目标任务。以分类任务为例，模型学习/训练的过程是找到一组合适的参数，使模型**对样本及新输入尽可能正确分类**的过程。

不同的用词体现了不同的视角。当使用"训练"时，可看作从算法相关工作人员的视角讨论问题，如"我们（算法工程师）使用某种方法在某个数据集上训练某个模型"；当使用"学习"时，可看作将我们自身代入模型，如"我们（模型）通过某种方法从某个数据集上学到某种模式、规律和规则"。以自身代入问题载体是计算机软件开发中常用的思考方法。例如，当以自身代入 ds_imshow(im_data, im_label) 函数时，可能表述的意思是"我们（ds_imshow 函数）需要的参数是 im_data, im_label，我们（ds_imshow 函数）将 im_data 中的数组显示为图像"。

第3章　感知机算法思想与实现

【学习目标】
- 进一步理解并掌握样本、标签、准确率及其他基本概念；
- 进一步理解并掌握机器学习的工作流程；
- 初步掌握部分数学表达中的记号用法；
- 初步理解模型的学习过程；
- 初步具备将数学表达转化为代码实现的能力；
- 初步理解激活函数的定义；
- 初步体验损失函数的用法。

鸢尾花数据集 iris 是机器学习中的经典数据集。本章将以感知机（perceptron）分类简化版 iris 为例，介绍机器学习中的一些基本概念、数学表达、算法思想及其 Python 实现。

3.1　机器学习的基本分类

如图 3-1 所示，机器学习通常可分为两个阶段：训练（training）阶段与预测（make a prediction）阶段。

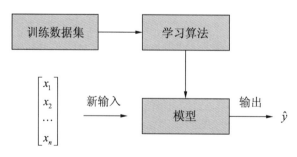

图 3-1　机器学习的工作流程

在训练阶段，学习算法基于训练数据集（training set）学习/训练得到模型，在预测阶段，模型对给定的**新输入**计算得到输出，这个输出称为模型的预测（prediction），简称预测。

根据数据集的不同，机器学习可分为监督学习（supervised learning）、无监督学习（unsupervised learning）和强化学习（reinforcement learning）。

其中，监督学习与无监督学习的数据集通常是固定不变的，而强化学习在训练过程中，学习系统与环境连续互动。

监督学习的数据集由标注数据（labeled example）组成，而无监督学习所使用的数据是无标注的（unlabeled example）。这里我们只讨论监督学习。

在监督学习中，模型的目标是基于已知（seen）预测未知（unseen）。监督学习通常将数据集划分为两部分，即训练集与测试集。对于模型而言，训练集是已知数据，测试集是未知数据。

根据模型的输出不同，监督学习通常可分为分类（classification）与回归（regression）。

在分类问题中，模型对给定的输入预测其所属类别。例如第 2 章给出的示例就是一个 10 分类问题，即对于给定输入，模型所有可能取值的集合为 {0, 1, 2, 3, 4, 5, 6, 7, 8, 9}，这个集合称为模型的输出空间（output space）。

我们下面将要讨论的是二分类问题（binary classification）。顾名思义，在二分类问题中，对给定输入，通过模型预测其属于两个类别中的哪一个，即，模型的输出空间为 {-1, +1}，通常 -1 称为反类或负类（negative class），+1 称为正类（positive class）。本章使用 {-1, 1} 表示鸢尾花的品种类别，其中，-1 表示 iris setosa（山鸢尾），+1 表示 iris versicolor（变色鸢尾）。

在机器学习的概念里，数据集是样本的集合，而样本是特征的集合。

3.2　鸢尾花数据集 iris

iris 数据集中的每个样本由 sepal length（萼片长度）、sepal width（萼片宽度）、petal length（花瓣长度）和 petal width（花瓣宽度）等特征及其对应的 ground-truth label（真实值标签，简称标签）构成。

我们将在 3.2.1 小节中通过代码体验样本特征，在 3.2.2 小节中通过代码体验标签与分类。

3.2.1　样本特征

scikit-learn 的 datasets 模块用于加载 iris 数据集，dir() 函数用于查看指定的 Python 对象（本例中 Python 变量 iris 指向该对象）的属性（attributes），代码及运行结果如图 3-2 所示。

```
1  from sklearn.datasets import load_iris
2  iris = load_iris()
3  print(dir(iris))
```
```
['DESCR', 'data', 'feature_names', 'filename', 'frame', 'target', 'target_names']
```

图 3-2　加载 iris 数据集并查看其属性

通过以下语法格式可以访问 Python 对象的指定属性。

对象名.属性名

例如，iris.feature_names 可以查看 iris 数据样本中包含的特征名，代码及运行结果如图 3-3 所示。

```
1  print(iris.feature_names)
```
```
['sepal length (cm)', 'sepal width (cm)', 'petal length (cm)', 'petal width (cm)']
```

图 3-3　查看 iris 数据样本中包含的特征名

iris.data 可以查看这些特征的值，其类型是 numpy.ndarray。若将其看作一张二维表，则[:3]表示该表格的前 3 行数据，即前 3 个样本的特征，代码及运行结果如图 3-4 所示。

[:3, 2:] 表示前 3 个样本的后两个特征，即花瓣长度和花瓣宽度，代码及运行结果如图 3-5 所示。

```
1  print(iris.data[:3])
```
```
[[5.1 3.5 1.4 0.2]
 [4.9 3.  1.4 0.2]
 [4.7 3.2 1.3 0.2]]
```

```
1  print(iris.data[:3, 2:])
```
```
[[1.4 0.2]
 [1.4 0.2]
 [1.3 0.2]]
```

图 3-4　查看 iris 数据样本中特征的值　　图 3-5　查看 iris 数据样本中前 3 个样本的后两个特征值

需要说明的是，在 UCI 及其他文献中，如 sepal length（萼片长度）、sepal width（萼片宽度）、petal length（花瓣长度）和 petal width（花瓣宽度）这些代表样本某方面性质的属性统一称为 attributes，其中的任一性质称为一个属性（attribute），如萼片长度是 iris 的一个属性。

在机器学习中，一个属性也称为一个特征（feature）。但 attribute 在 Python 中有另外的含义（Python 对象的属性），因此在本书中，特征（feature）用于指代数据样本某方面的性质，属性（attribute）用于指代 Python 对象属性，以避免混淆。

3.2.2　样本分类

通过 iris.target_names 可以查看 iris 数据集中鸢尾花的 3 个品种，即 setosa（山鸢尾）、

versicolor（变色鸢尾）与 virginica（维吉尼亚鸢尾）。代码及运行结果如图 3-6 所示。

iris.target 中存储了相应的值，即每个样本属于哪一个鸢尾花品种。其中，0 表示山鸢尾，1 表示变色鸢尾，2 表示维吉尼亚鸢尾。代码及运行结果如图 3-7 所示。

```
1 print(iris.target_names)
['setosa' 'versicolor' 'virginica']
```

图 3-6　查看 iris 数据集中鸢尾花的 3 个品种

```
1 print(iris.target.shape)
2 print(iris.target)
(150,)
[0 0 0 0 0 0 0 0 0 0 0 0 0 0 0 0 0 0 0 0 0 0 0 0 0 0 0 0 0 0 0 0 0 0 0 0 0
 0 0 0 0 0 0 0 0 0 0 0 0 0 1 1 1 1 1 1 1 1 1 1 1 1 1 1 1 1 1 1 1 1 1 1 1 1
 1 1 1 1 1 1 1 1 1 1 1 1 1 1 1 1 1 1 1 1 1 1 1 1 1 1 2 2 2 2 2 2 2 2 2 2 2
 2 2 2 2 2 2 2 2 2 2 2 2 2 2 2 2 2 2 2 2 2 2 2 2 2 2 2 2 2 2 2 2 2 2 2 2 2
 2 2]
```

图 3-7　查看每个样本属于哪一个鸢尾花品种

通过代码运行结果可以看到，iris 数据集包含 150 个样本，每个品种包含 50 个样本。

3.2.3　构造简化版 iris 数据集

为了使模型训练过程更容易理解，本小节对 iris 数据集进行了简化，选取其中两个特征（features），即花瓣长度和花瓣宽度，以及前两个品种，即 0（山鸢尾）和 1（变色鸢尾）。

如图 3-8 所示，山鸢尾与变色鸢尾的花瓣长度和宽度存在明显差异，因此可用于预测给定样本的所属类别。

图 3-8　山鸢尾和变色鸢尾

- iris 数据集的前 50 个样本是山鸢尾，通过 iris.data[:50]访问。

- 第 51～100 之间的 50 个样本是变色鸢尾，通过 iris.data[50:100]访问。
- 通过 iris.data[:, 2]可以访问 iris 数据集中所有样本的花瓣长度，iris.data[:, 3]对应其花瓣宽度。

下面以花瓣长度为横坐标，以花瓣宽度为纵坐标，不同颜色和形状分别对应两个类型，调用 Matplotlib 的 pyplot 模块将样本绘制为散点图（scatter）。代码及运行结果如图 3-9 所示。

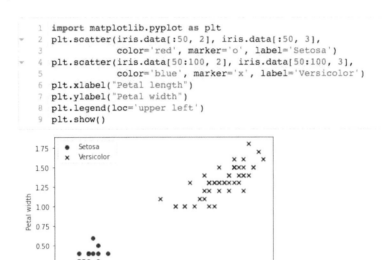

图 3-9　将样本绘制为散点图

在图 3-9 中，一个圆点或一个叉表示一个样本，圆点对应山鸢尾，叉对应变色鸢尾。

图 3-9 的横轴表示 Petal length，纵轴表示 Petal width。为方便后续章节讨论，横轴称为 x_1 轴，在不方便将 1 设置为下标时，也可记作 $x1$ 轴；纵轴称为 x_2 轴，在不方便将 2 设置为下标时，也可记作 $x2$ 轴。

为方便使用，保存简化后的数据集，代码如下：

```
x_iris_petal = iris.data[:100, 2:]
y_iris_petal = iris.target[:100]
y_iris_petal[:50] = -1        # 在某些情况下，选用{-1, 1}可以减少训练时长
```

📢说明：在本书中将 iris 数据集称为简化版 iris 数据集或简化版 iris。

此时，可以方便地查看数据集中的最大值和最小值。通过 np.amax()函数的 axis 参数可以指定按行或按列查找最大值，当 axis=0 时表示查找每列中的最大值，代码与运行结果如图 3-10 所示。

```
1  x1_max, x2_max = np.amax(x_iris_petal, axis=0)
2  x1_max, x2_max
```

```
(5.1, 1.8)
```

图 3-10　查找数据集中每列的最大值

以上结果表示，100 条数据中，Petal length 的最大值为 5.1，Petal width 的最大值为 1.8。
同理，np.amin()函数可以查找最小值，代码与运行结果如图 3-11 所示。

```
1  x1_min, x2_min = np.amin(x_iris_petal, axis=0)
2  x1_min, x2_min
```

```
(1.0, 0.1)
```

图 3-11　查看数据集中每列的最小值

以上结果表示，100 条数据中，Petal length 的最小值为 1.0，Petal width 的最小值为 0.1。
为方便后续章节的可视化数据探查，将最大值增加 0.1，将最小值减少 0.1 构成 plot
的 xlim 和 ylim，代码与运行结果如图 3-12 所示。

```
1  import matplotlib.pyplot as plt
2  ax = plt.subplot()
3  ax.set_xlim([x1_min-.1, x1_max+.1])
4  ax.set_ylim([x2_min-.1, x2_max+.1])
5  plt.scatter(x_iris_petal[:50, 0], x_iris_petal[:50, 1],
6              color='red', marker='o', label='Setosa')
7  plt.scatter(x_iris_petal[50:, 0], x_iris_petal[50:, 1],
8              color='blue', marker='x', label='Versicolor')
9  plt.xlabel("$x_1$ (Petal length)")
10 plt.ylabel("$x_2$", rotation=0)
11 plt.legend(loc='upper left')
12 plt.show()
```

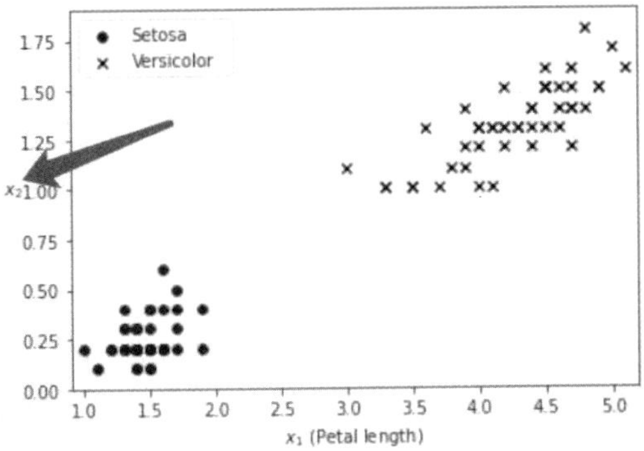

图 3-12　设定 plot 的 xlim 和 ylim

需要说明的是，图 3-12 中的箭头所示处是纵坐标轴的标签 ylabel，若省略参数 rotation=0，则 x2 会默认旋转 90° 不便于查看，为避免与纵轴上的刻度冲突，因此省略了（Petal width）部分。

在以上代码中，由一对$$包含的部分使用了类 TeX/Latex 标记语言，这样可以方便地在 Matplotlib 中显示数学记号。

3.3　感知机分类精简版 iris

感知机是一个二分类的线性分类器，其输入为特征向量，输出为对应的类别，如 {-1,+1}或{0,1}。简而言之，感知机由符号函数 sign(·)与线性模型 $w \cdot x + b$ 构成，将线性模型的输出作为符号函数的输入，最终得到感知机模型的输出，即感知机对给定样本的预测。

从几何角度看，线性方程 $w \cdot x + b = 0$ 对应特征空间 $\mathbf{R}^n$ 中的一个超平面，在二维平面上则可看作一条直线。其中，w、x 均为向量，b 为标量，为方便将数学表达转换为代码方式实现，这里将该**线性方程**重写为 $x \cdot w + b = 0$。若需要了解更多有关标量、向量与线性模型的相关信息，可参考附录。

3.3.1　极简体验感知机

以简化后的 iris 分类任务为例，模型的输入是一个二维向量，表示一朵鸢尾花的花瓣长度与宽度，即 $x = [x_1, x_2]^\mathrm{T}$。在输出空间{-1, 1}中，-1 表示山鸢尾，1 表示变色鸢尾。

简化后的 iris 分类任务可以看作在一个二维平面上画一条直线将两类点分开，如图 3-13 所示。

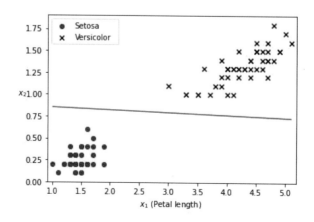

图 3-13　简化后的 iris 分类任务

函数 $0.02x_1+0.68x_2-0.6=0$ 便定义了这样一条直线。将 x1_min 和 x1_max 代入该函数，可得 0.853 和 0.732，即该图中线段的两个端点，以下代码即可绘制图 3-13 所示的效果。

```python
import matplotlib.pyplot as plt
ax = plt.subplot()
ax.set_xlim([x1_min-.1, x1_max+.1])
ax.set_ylim([x2_min-.1, x2_max+.1])
plt.scatter(x_iris_petal[:50, 0], x_iris_petal[:50, 1],
        color='red', marker='o', label='Setosa')
plt.scatter(x_iris_petal[50:, 0], x_iris_petal[50:, 1],
        color='blue', marker='x', label='Versicolor')
plt.xlabel("$x_1$ (Petal length)")
plt.ylabel("$x_2$", rotation=0)
plt.legend(loc='upper left')
# 绘制一条可以将两类点分开的直线
plt.plot([x1_min, x1_max], [0.853, 0.732])
plt.show()
```

以直线为划分线，x_1 表示 Petal length（花瓣长度），x_2 表示 Petal width（花瓣宽度），此时，感知机模型可写作

$$\hat{y} = \begin{cases} +1, & 0.02x_1 + 0.68x_2 - 0.6 \geqslant 0 \\ -1, & 0.02x_1 + 0.68x_2 - 0.6 < 0 \end{cases}$$

即给定一个特征向量 $[x_1, x_2]^T$，若模型的输出大于等于 0，则该特征向量代表的鸢尾花类别为 Versicolor（变色鸢尾），若模型的输出小于 0，则该特征向量代表的鸢尾花类别为 Setosa（山鸢尾）。

以下代码部分地实现了该模型，如图 3-14 所示，在后续章节中将会详细解说。

predict() 函数对给定的任何一个特征向量 $[x_1, x_2]^T$ 输出 1 或 -1。

通过 random.randint(0, 99) 方法可以产生一个 0~99 之间的整数，包含 0 和 99。将该值作为 index，可以模拟随机给定的一条 iris 记录作为模型的输入，代码如下，运行结果如图 3-15 所示。

```python
def predict(x):
    if 0.02*x[0] + 0.68*x[1] -.6 >= 0:
        return 1
    else:
        return -1
```

```python
import random
random.seed(2021)
idx1 = random.randint(0, 99)
print(predict(x_iris_petal[idx1]))
print(y_iris_petal[idx1])
```
```
1
1
```

图 3-14　实现分类模型的代码　　　　图 3-15　模拟随机给定的一条 iris 记录

可以看到，模型的预测值是 1，该条记录的真实值也为 1，即模型预测正确。

读者可以将 random.seed(2021) 这行代码注释掉或删除，多次运行该示例可以发现，虽然每次选定的记录是随机的，模型的输出也随之变化，但模型的预测值与真实值总是

相同的。

通过 map() 函数与 np.all() 函数可以批量处理数据，代码与运行结果如图 3-16 所示。

```
1  y_prediction = np.array(list(map(predict, x_iris_petal)))
2  print(np.all(y_prediction==y_iris_petal))
```
```
True
```

图 3-16　批量处理数据

结果表明模型的预测全部正确。

3.3.2　感知机模型的数学表达

感知机模型的一般形式为 $\hat{y} = \mathrm{sign}(\boldsymbol{w} \cdot \boldsymbol{x} + b)$。

其中，$\boldsymbol{x} = [x_1, x_2, \cdots, x_n]^T$ 表示特征向量。在 3.3.1 小节中，$\boldsymbol{x} = [x_1, x_2]^T$ 是一个二维向量，表示一朵鸢尾花的花瓣长度与宽度。

$\boldsymbol{w} = [w_1, w_2, \cdots, w_n]^T$ 称为权值向量（weight vector），简称权值。在 3.3.1 小节中，$\boldsymbol{w} = [0.02, 0.68]^T$，是一个二维向量。

b 称为偏置（bias）。在 3.3.1 小节中 $b = -0.6$。

$f(\boldsymbol{x}) = \boldsymbol{w}^T\boldsymbol{x} + b$ 称为线性模型，是有关特征 $\boldsymbol{x} = [x_1, x_2, \cdots, x_n]^T$ 的线性组合。

$\boldsymbol{w}^T\boldsymbol{x}$ 表示向量 $\boldsymbol{w}$ 与向量 $\boldsymbol{x}$ 的点积。有关向量点积运算的介绍，请参照附录了解向量点积的运算。

$\mathrm{sign}(z)$ 表示符号函数（sign function 或 signum function），

$$\mathrm{sign}(z) = \begin{cases} 1, & z \geq 0 \\ -1, & z < 0 \end{cases}$$

当符号函数的输入 z 大于或等于 0 时，函数返回 1；当符号函数的输入 z 小于 0 时，函数返回 -1。

理论上，$\boldsymbol{w}$ 的取值范围为 $\mathbf{R}^n$，即实数集 $\mathbf{R}$ 的 n 次笛卡儿积，b 的取值范围为实数集 $\mathbf{R}$。

在取值范围内搜索（学习）到合适的值，使模型针对给定的输入 $\boldsymbol{x} = [x_1, x_2, \cdots, x_n]^T$ 计算其得到的输出，即预测值 $\hat{y}$ 尽可能地正确，这样的算法即是模型的学习算法。

以简化后的 iris 数据分类任务为例，在 $\mathbf{R}^2$ 中找到合适的 $\boldsymbol{w} = [w_1, w_2]^T$，在 $\mathbf{R}$ 中找到合适的 b，使：

$$\begin{aligned} \hat{y} &= \mathrm{sign}(\boldsymbol{w} \cdot \boldsymbol{x} + b) \\ &= \mathrm{sign}(w_1 x_1 + w_2 x_2 + b) \end{aligned}$$

对任一给定的鸢尾花 $x = [x_1, x_{2,}]^T$，都尽可能正确地预测其所属类别，这样的算法即是这个感知机模型的学习算法。而在下面的式子中：

$$\hat{y} = \begin{cases} +1, & 0.02x_1 + 0.68x_2 - 0.6 \geq 0 \\ -1, & 0.02x_1 + 0.68x_2 - 0.6 < 0 \end{cases}$$

$w = [w_1, w_2]^T = [0.02, 0.68]^T$，$b = -0.6$ 就是通过学习算法学习到的一组合适的参数。

需要说明的是，这样的一组参数并不唯一，在后续的章节中会进一步解释。

3.3.3　极简体验感知机学习算法

感知机学习算法的目标是找到合适的模型参数 w 和 b。比较自然且容易理解的方案是先随机指定 w 和 b 的值，从训练集中随机选取一个样本，然后用模型对该样本进行预测，若预测值（prediction）与真实值（ground-truth）相同，则继续随机选取新的样本；若预测值与真实值不同，则根据该样本更新参数 w 和 b。不断重复该过程，直到训练集中所有的样本都可以被正确预测，训练（学习阶段）结束。

为方便演示模型的学习过程，本小节选择 3 个样本作为训练集，我们把这个训练集称为**精简版 iris 数据集**。其中，两个样本的类别为山鸢尾，作为**反类**，一个样本类别为变色鸢尾，作为**正类**，训练集如表 3-1 所示。

表 3-1　精简版iris数据集

花瓣长度（cm）	花瓣宽度（cm）	类　　别
1.9	0.4	山鸢尾（-1）
1.6	0.6	山鸢尾（-1）
3	1.1	变色鸢尾（1）

训练集中包含 3 个样本，每一行表示一个样本，每个样本包含两个特征（features）及对应的标签。该训练集也可表示为 $\{(x^{(1)}, y^{(1)}), (x^{(2)}, y^{(2)}), (x^{(3)}, y^{(3)})\}$ 的形式。

请注意区分 $x^{(i)}$ 与 x_i，位于上角标（也称上标，superscript）圆括号（也称小括号，round brackets, parentheses）中的 i 表示第 i 个样本，$x^{(i)}$ 表示第 i 个样本的特征向量，$y^{(i)}$ 表示该样本的标签（ground-truth label），而位于下角标（也称下标，subscript）的 i 表示某个特征向量的第 i 个特征，x_i 表示向量 x 的第 i 个特征。

例如，$x^{(1)}$ 表示第 1 个样本的特征向量 $[1.9, 0.4]^T$，而 $x_1^{(1)}$ 则表示这个向量中的第一个特征 1.9。

当 $i=1$ 时，模型的预测值可表示为：

$$\hat{y} = \text{sign}(\boldsymbol{w} \bullet x^{(i)} + b)$$
$$= \text{sign}(w_1 x_1^{(i)} + w_2 x_2^{(i)} + b)$$
$$= \text{sign}(w_1 x_1^{(1)} + w_2 x_2^{(1)} + b)$$

即

$$\hat{y} = \begin{cases} 1, & 1.9w_1 + 0.4w_2 + b \geq 0 \\ -1, & 1.9w_1 + 0.4w_2 + b < 0 \end{cases}$$

第 1 个样本的标签为-1，因而，学习算法的目标是找到合适的 $\boldsymbol{w}$、b，使 $1.9w_1+0.4w_2+b$ 的值尽可能地接近-1。

需要说明的是，虽然对模型学习目标的表述为"尽可能地接近-1"，但实际上仅需使模型的输出小于 0 即可，如-0.1。

通常情况下，学习算法通过设定学习率 η（读作 eta）来调节更新参数时的幅度。例如：

$$w \leftarrow w + \eta x^{(i)} y^{(i)}$$
$$b \leftarrow b + \eta y^{(i)}$$

其中，$(x^{(i)}, y^{(i)})$表示误分类样本，也称误分类点。

假定，$(x^{(1)}, y^{(1)})$为误分类点，则此时模型学习到的更新为：

$$w \leftarrow w + \eta x^{(1)} y^{(1)}$$
$$b \leftarrow b + \eta y^{(1)}$$

即

$$w_1 = w_1 + \eta x_1^{(1)} y^{(1)} = w_1 - 1.9\eta$$
$$w_2 = w_2 + \eta x_2^{(1)} y^{(1)} = w_1 - 0.4\eta$$
$$b = b + \eta y^{(1)} = b - \eta$$

为方便读者理解，本小节对模型学习过程进行了简化，将随机选取样本简化为固定顺序，并设定权值向量 $\boldsymbol{w}$ 的初值为[0.5, 0.5]^T，b 的初值为 0，学习率 η 的值取 0.6。

于是，感知机学习算法可表示为：

（1）初值化参数，w_1=0.5，w_2=0.5，b=0。

（2）按顺序选取样本$(x^{(i)}, y^{(i)})$，i=1, 2, 3。

（3）计算模型预测值 $\hat{y} = \text{sign}(w_1 x_1^{(i)} + w_2 x_2^{(i)} + b)$，若 $\hat{y}$ 与 $y^{(i)}$ 不同，则更新参数。

$$w \leftarrow w + 0.6x^{(i)}y^{(i)}$$
$$b \leftarrow b + 0.6y^{(i)}$$

然后跳转至第（2）步。若 $\hat{y}$ 与 $y^{(i)}$ 相同，则可以直接跳转至第（2）步，继续选取下一个样本，直到误分类样本个数为 0。

感知机学习过程的核心部分流程如图 3-17
所示。

参数初始化后，模型的学习过程如下：

选取第 1 个样本（$x^{(1)}$，$y^{(1)}$）作为模型的
输入。其中，$x^{(1)}$=[1.9,0.4]^T 而 $y^{(1)}$=-1。此时，
$w_1 x_1^{(1)} + w_2 x_2^{(1)} + b = 0.5 \times 1.9 + 0.5 \times 0.4 + 0 = 1.15$
大于 0。于是，$\hat{y}$ 为 1，与 $y^{(1)}$ 不同，更新 w 和 b。

$$w_1 = w_1 + \eta x_1^{(1)} y^{(1)} = 0.5 + 0.6 \times 1.9 \times (-1) = -0.64$$
$$w_2 = w_2 + \eta x_2^{(1)} y^{(1)} = 0.5 + 0.6 \times 0.4 \times (-1) = 0.26$$
$$b = b + \eta y^{(1)} = b - \eta = -0.6$$

以更新后的参数对第 2 个样本进行预测：

$\hat{y}$ 为-1，与 $y^{(2)}$ 相同，无须更新参数，直

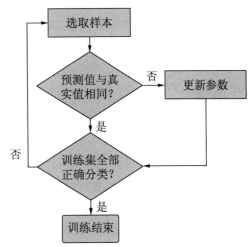

图 3-17　感知机学习过程的核心部分流程

接选取下一个样本，即($x^{(3)}$,$y^{(3)}$)，此时 $\hat{y}$ 为-1，而 $y^{(3)}$=1，因此需要更新参数，新的参数为
w_1=1.16，w_2=0.92，b=0。

再次选取第 1 个样本，$\hat{y}$ 与 $y^{(1)}$ 不同，再次更新参数，得到 w_1=0.02，w_2=0.68，b=-0.6。

此时，模型可以对训练集全部正确分类，训练结束。而此时的参数正是 3.3.1 小节中的示例模型参数。

为节约篇幅，本小节省略了第 1 次更新参数后模型预测的详细计算过程。请读者练习：手动计算 w_1=-0.64，w_2=0.26，b=-0.6 时模型对第 2 个样本进行预测的详细计算过程。

3.3.4　感知机学习算法的 Python 实现

本小节将通过 Python 代码实现 3.3.3 小节中模型的学习过程。

首先构造训练集，代码如下：

```
import numpy as np
nearest_setosa = np.array([[1.9, 0.4],[1.6, 0.6]])
nearest_versicolor = np.array([[3. , 1.1]])
x_train = np.concatenate((nearest_setosa, nearest_versicolor), axis=0)
y_train = [-1, -1, 1]
```

其中，x_train 表示 3 个样本的特征，y_train 表示相应的 ground-truth label（真实值标签，简称标签）。numpy.concatenate()用于将两个 numpy.ndarray 组合成一个 numpy.ndarray。

使用向量/矩阵运算可以提高代码的可读性和运行效率，因此机器学习中大量使用了向量化运算。以下代码中以一个 NumPy 数组表示权值 **w**。

```
# 初始化参数 w, b
model_w = np.array([0.5, 0.5]) #权值 w
model_b = 0.0
# 设定学习率 η
learning_rate = .6
```

此时，$z^{(1)} = \boldsymbol{w} \cdot x^{(1)} + b = w_1 x_1^{(1)} + w_2 x_2^{(1)} + b$ 可以实现为：

```
model_w[0]*x_train[0,0] + model_w[1]*x_train[0,1] + model_b
```

或：

```
np.dot(model_w, x_train[0]) + model_b
```

或：

```
np.dot(x_train[0], model_w) + model_b
```

其中，np.dot()即是向量化运算。即使 x_train[0]含有数百、数万甚至更多的特征，仅需 np.dot(model_w, x_train[0])即可完成两个数组的点积运算（dot product）。

程序运行结果如图 3-18 所示。

结果与 3.3.3 小节中的计算结果一致。

为方便调用，将上述计算过程封装为预测函数 predict()，代码如下：

```
def predict(x):
    if np.dot(x, model_w) + model_b >= 0:
        return 1
    else:
        return -1
```

```
1  model_w[0]*x_train[0,0] + model_w[1]*x_train[0,1] + model_b
1.15
```

```
1  np.dot(model_w, x_train[0]) + model_b
1.15
```

```
1  np.dot(x_train[0], model_w) + model_b
1.15
```

图 3-18　运行结果

predict()函数对给定的特征向量先计算线性模型 $\boldsymbol{x} \cdot \boldsymbol{w} + b$ 的输出，再判断它是否大于或等于 0。如果是，则返回 1，表示正类；否则返回-1，表示反类。

以第 1 个样本($x^{(1)}$, $y^{(1)}$)为例测试函数，代码与运行结果如图 3-19 所示。

```
1  predict(x_train[0])
1
```

图 3-19　代码与运行结果 1

结果与 3.3.3 小节中的计算结果一致。

而第 1 个样本的标签为-1，因此需要更新参数，代码如下

```
def update_weights(x, y, w, b):
    w += learning_rate * y * x
    b += learning_rate * y
    return w, b
```

其中，函数参数 x 表示正在学习的那个样本的特征向量，本例中为 $x^{(1)}$，对应代码 x_train[0]，值为[1.9, 0.4]；函数参数 y 表示相应的真实值标签，本例中为 $y^{(1)}$，对应代码 y_train[0]，值为-1。learning_rate 表示学习率。于是，更新参数通过以下代码实现。

```
1 model_w, model_b = update_weights(x_train[0], y_train[0], model_w, model_b)
2 model_w, model_b
```
```
(array([-0.64,  0.26]), -0.6)
```

图 3-20　代码与运行结果 2

计算结果与 3.3.3 小节中的计算结果一致。此时，模型完成了第 1 次迭代（iteration）。

简化后的算法采取了顺序选取样本的策略，于是，此时应选取第 2 个样本($x^{(2)}$, $y^{(2)}$)用于模型的训练，其特征向量为[1.6, 0.6]。

将 predict()返回值与该样本的标签进行对比，代码与运行结果如图 3-21 所示。

```
1 print(y_train[1] == predict(x_train[1]))
```
```
True
```

图 3-21　代码与运行结果 3

结果与 3.3.3 小节中的计算结果一致。无须更新参数，继续选取下一个样本，即第 3 个样本用于模型训练，其特征向量为[3., 1.1]。代码与运行结果如图 3-22 所示。

```
1 print(y_train[2] == predict(x_train[2]))
```
```
False
```

图 3-22　代码与运行结果 4

结果与 3.3.3 小节中的计算结果一致。由于预测值与标签 $y^{(3)}$ 不同，因此需要更新参数。

需要注意的是，此时模型是在"学习"第 3 个样本，对应的代码为 x_train[2], y_train[2]，这是因为 NumPy 数组的索引是从 0 开始的。代码与运行结果如图 3-23 所示。

```
1 model_w, model_b = update_weights(x_train[2], y_train[2], model_w, model_b)
2 model_w, model_b
```
```
(array([1.16, 0.92]), 0.0)
```

图 3-23　代码与运行结果 5

结果与 3.3.3 小节中的计算结果一致。此时，模型完成了第 2 次迭代。

第 3 个样本是训练集中的最后一个样本，因此，学习算法再次选取第一个样本，代码与运行结果如图 3-24 所示。

```
1 print(y_train[0] == predict(x_train[0]))
False
```

图 3-24　代码与运行结果 6

再次更新参数，代码与运行结果如图 3-25 所示。

```
1 model_w, model_b = update_weights(x_train[0], y_train[0], model_w, model_b)
2 model_w, model_b
(array([0.02, 0.68]), -0.6)
```

图 3-25　代码与运行结果 7

结果与 3.3.3 小节中的计算结果一致。此时，模型完成了第 3 次迭代。

此时，模型已经学习到适合的参数，因此可以对训练集的全部样本进行正确分类，代码与运行结果如图 3-26 所示。

```
1 for i in range(3):
2     print(y_train[i] == predict(x_train[i]))
True
True
True
```

图 3-26　代码与运行结果 8

3.3.5　损失函数与梯度（选修）

在前面的章节中有些读者可能会好奇，学习算法中参数更新部分

$$w \leftarrow w + \eta x^{(i)} y^{(i)}$$
$$b \leftarrow b + \eta y^{(i)}$$

从何而来？

在解释这一点之前，需要先解释一个概念——损失函数（cost function 或 loss function）。该函数用于度量模型预测错误的程度，记作 $L(w, b)$。需要注意的是，该函数的自变量（independent variable）是 w, b。

因此，学习算法的基本思想可以表述为：定义一个损失函数并将损失函数极小化。

在机器学习中可供选择的损失函数有很多，实际上，选择适合的损失函数正是机器学习的日常工作之一。

回顾 3.3.3 小节的内容不难发现，对于误分类的样本$(x^{(i)}, y^{(i)})$，以下不等式总成立：

$$y^{(i)}(w \bullet x^{(i)} + b) < 0$$

例如，初始化参数后：

$$y^{(i)}(w \bullet x^{(i)} + b) = y^{(i)}(w_1 x_1^{(1)} + w_2 x_2^{(1)} + b) = -1 \times (0.5 \times 1.9 + 0.5 \times 0.4 + 0) = -1.15$$

因此，感知机的损失函数可表示为：

$$\mathcal{L}(w, b) = -\sum_{x^{(i)} \in M} y^{(i)}(w \bullet x^{(i)} + b)$$

其中，M 表示误分类点的集合。

于是，感知机的学习过程可以看作求解 w, b，使损失函数 $\mathcal{L}(w, b)$ 极小化。损失函数的梯度（gradient）可表示为：

$$\nabla_w \mathcal{L}(w, b) = -\sum_{x^{(i)} \in M} y^{(i)} x^{(i)}$$

$$\nabla_b \mathcal{L}(w, b) = -\sum_{x^{(i)} \in M} y^{(i)}$$

对任一误分类点，更新模型的权值向量 w 的数学表达为：

$$w \leftarrow w + \eta x^{(i)} y^{(i)}$$

更新模型偏置量 b 的数学表达为：

$$b \leftarrow b + \eta y^{(i)}$$

3.3.6　感知机代码合并

为方便读者理解，3.3.4 小节中我们以分步骤的形式给出了实现代码，每一步的代码运行结果与 3.3.3 小节中相应的步骤一致。但是当样本较多时，分步骤运行的效率并不高，因而有必要将 3.3.4 小节中的代码合并一下，具体代码如下：

```python
# 构造训练集
import numpy as np
nearest_setosa = np.array([[1.9, 0.4],[1.6, 0.6]])
nearest_versicolor = np.array([[3. , 1.1]])
x_train = np.concatenate((nearest_setosa, nearest_versicolor), axis=0)
y_train = [-1, -1, 1]

# 初始化参数 w、b
model_w = np.array([0.5, 0.5])                          # 权值 w
model_b = 0.0
# 设定学习率 η
learning_rate = .6
# 样本数目
```

```
m = len(x_train)

def predict(x):
    if np.dot(x, model_w) + model_b >= 0:
        return 1
    else:
        return -1

def update_weights(x, y, w, b):
    w += learning_rate * y * x
    b += learning_rate * y
    return w, b

for epoch in range(10):
    m_correct = 0
    for i in range(m):
        if(y_train[i] == predict(x_train[i])):
            m_correct+=1
        else:
            model_w, model_b = update_weights(x_train[i], y_train[i], model
_w, model_b)
    if(m_correct==m):
        print('model is ready after {} epoch(s)'.format(epoch))
        break
```

上述代码以两层循环形式实现了模型"学习"的过程。其中，外层循环控制 epochs，一个 epoch 表示模型对训练集所有样本"学习"了一遍，也称迭代周期。

m_correct 本质上为一个累加器（计数器），用于计数模型正确分类的样本数目。当 m_correct 与训练集中的样本数目相等时，结束外层循环，即训练完成。以上述代码为例，尽管外层循环设置为 range(10)，但是模型学习了两个 epochs 后训练准确率已经达到了 100%，于是外层循环结束。这种方法称为早停止或提前终止（early stopping）。随着学习的深入，我们将体验到其他早停止的判断方法。

内层循环由 range(m) 控制，其中 m 表示训练集中的样本数目，在本例中 m=3。模型按顺序选取样本，调用 predict() 函数将返回值与对应的标签 y 进行对比，若相等，则 m_correct 累加 1，若不相等，则调用 update_weights() 更新参数。

代码运行结果如下：

```
model is ready after 2 epoch(s)
```

以下代码用于查看训练好的模型参数。

```
print(model_w, model_b)
```

代码运行结果如下：

```
[0.02 0.68] -0.6
```

结果与 3.3.3 小节和 3.3.4 小节中的结果一致。

以下代码用于测试模型对整个训练集的预测准确率。

```
for i in range(m):
    print(y_train[i] == predict(x_train[i]))
```

可以想到，其结果应为 3 行 True，表示每个样本的预测值与真实值都相等。代码运行
结果如下：

```
True
True
True
```

3.4　感知机的实现类

在 Python 中，通常以类的形式对若干相关的属性和方法进行封装。同样，本章将要
介绍的感知机也可以封装为类的形式。

3.4.1　构造器__init__()

顾名思义，构造器（constructor）用于构造类的实例，也称构造方法，是面向对象程
序设计中重要的基础概念。__init__()方法作为 Python 类的构造器，在实例化 Python 类时
会自动调用。以下代码实现了 Perceptron 类的__init__()方法。

```
class Perceptron:
    def __init__(self, learning_rate=.1, epochs=10, model_w=[.0, .0],
model_b=.0):
        self.learning_rate = learning_rate
        self.epochs = epochs
        self.model_w = model_w
        self.model_b = model_b
```

其中：self 为**每个 Python 类方法**的首个参数，指代自身的实例对象；第 2 个参数
learning_rate 表示学习率，若未指定，则默认值为 0.1；第 3 个参数 epochs 用于控制算法
的迭代周期，若实例化该类时未指定该参数，则默认学习 10 个 epochs；参数 model_w、
model_b 表示权值向量与偏置量，默认值均为 0.0。

实例化某个类，也可以说 new 一个对象。以下代码演示了实例化 Perceptron 类的一种
方式。

```
classifier = Perceptron()
```

此时，变量 classifier 表示 Perceptron 类的一个实例，或称 Perceptron 类型的一个对象。
在类的外部，通过 classifier.learning_rate 可以访问该实例的 learning_rate 属性（attribute），
在类的内部，则通过 self.learning_rate 访问。

由于上述实例化代码未指定参数，因而，该实例的属性均为默认值，可以通过以下代
码查看。

```
print(classifier.model_w)
print(classifier.model_b)
```

代码运行结果如下：

```
[0.0, 0.0]
0.0
```

为**精准复现** 3.3.3 小节、3.3.4 小节和 3.3.6 小节中的模型学习过程，我们需要这样一个 Perceptron 类实例，其权值向量 w 初始值为 $[0.5, 0.5]^T$，偏置量 b 初始值为 0.0。在实例化该类时可以通过参数指定相关的初始值，代码如下：

```
classifier2 = Perceptron(.6, 10, [.5,.5])
print(classifier2.model_w)
print(classifier2.model_b)
```

容易想到，该实例的 model_w 属性的值为 [.5,.5]。代码运行结果如下：

```
[0.5, 0.5]
0.0
```

需要说明的是，本例中的 classifier2 与前例中的 classifier 分别指向了两个不同的 Perceptron 类实例，各自的属性互不影响。换言之，对实例 classifier2 属性的改动不会影响实例 classifier 的属性。通过以下代码可以体验两个实例的 model_w 属性。

```
print(classifier.model_w)
print(classifier2.model_w)
```

实例 classifier 的 model_w 属性是 __init__()方法的 model_w 参数的默认值（也称为缺省值），实例 classifier2 的 model_w 属性为指定的参数。二者互不影响。代码运行结果如下：

```
[0.0, 0.0]
[0.5, 0.5]
```

需要说明的是，在深度学习中，偏置量 b 的初始值通常为 0.0。

本小节详细介绍了 Python 类的构造器，并以 model_w 与 model_b 为例演示了访问实例属性的方法。请读者练习：通过 Python 代码访问两个实例的 learning_rate 属性。

3.4.2 预测方法 predict()

将 3.3.4 小节中的 predict()函数稍作改动，即可作为 Perceptron 类的预测方法。代码如下：

```
def predict(self, x):
    if np.dot(x, self.model_w) + self.model_b >= 0:
        return 1
    else:
        return -1
```

我们在 3.4.1 小节中讲过，self 是**每个 Python 类中定义的方法**的首个参数，指代自身的实例对象；第 2 个参数 x 表示给定的特征向量。由于是在类的内部，因此我们通过 self.model_w 访问该实例的权值向量，通过 self.model_b 访问该实例的偏置量。

当线性模型的输出值大于或等于 0 时，predict()方法返回 1，即模型预测给定的样本属于正类；否则返回-1，表示模型将该样本划分为反类。

以下代码用于测试 predict()方法。

```
classifier = Perceptron(.6, 10, [.5,.5])
classifier.predict(x_train[0])
```

需要说明的是，为方便编码和测试，本小节中以变量 classifier 指向测试实例。本小节中的 classifier 相当于 3.4.1 小节中的 classifier2。需要注意的是"仅仅是相当于"，而非等于，这是因为每次调用 Perceptron()时都会构造一个新的 Perceptron 类实例。调用 Perceptron()泛指实例化该类，可能使用默认参数，也可能指定某些或全部参数的初始值。

本例运行结果与图 3-19 所示的结果即 predict(x_train[0]) 一致，效果如图 3-27 所示。

```
1  classifier = Perceptron(.6, 10, [.5,.5])
2  classifier.predict(x_train[0])
```

1

图 3-27　测试 classifier 的 predict()方法

以 $w=[0.5, 0.5]^T$，$b=0.0$ 为模型进行预测，模型将第 1 个样本划分为正类，与 3.3.3 小节和 3.3.4 小节中的模型学习过程均一致。

3.4.3　更新模型参数 update_params()

复用 3.3.4 小节中的 update_weights()函数代码，将其稍作调整，可以实现 Perceptron 类的模型参数更新方法，代码如下：

```
def update_params(self, x, y, model_w, model_b):
    w = model_w
    b = model_b
    w += self.learning_rate * y * x
    b += self.learning_rate * y
    return w, b
```

回顾 3.4.1 小节的内容可知，self 为**每个 Python 类方法**的首个参数，指代自身的实例对象，第 2 个参数 x 表示给定的特征向量，第 3 个参数 y 表示对应的真实值标签 y。由于是在类的内部，所以通过 self.learning_rate 访问该实例的学习率。

以下代码用于测试 update_params()该方法。

```
classifier = Perceptron(.6, 10, [.5,.5])
print('before update')
print(classifier.model_w)
print(classifier.model_b)
w, b = classifier.update_params(x_train[0], y_train[0], classifier.model
_w, classifier.model_b)
print('after update')
print(w)
print(b)
```

回顾 3.4.1 小节和 3.4.2 小节的内容可知，运行上述代码会再次创建一个 Perceptron 类的实例，该实例的权值向量初始值为$[0.5, 0.5]^T$。

与 3.3.4 小节的 update_weights()函数相似，Perceptron 类的 update_params()方法将返回"学习"到的 w、b，即更新后的模型参数值。

代码运行结果如下：

```
[0.5, 0.5]
0.0
after update
[-0.64  0.26]
-0.6
```

可以看到，在调用实例 classifier 的 update_params()方法之前，其模型参数的初始值为 $w=[0.5, 0.5]^T$，$b=0.0$；在调用实例 classifier 的 update_params()方法之后，模型依据训练集的第 1 个样本计算梯度，然后更新模型参数 $w=[-0.64, 0.26]^T$，$b=-0.6$，与 3.3.3 小节和 3.3.4 小节所演示的模型学习过程一致。

3.4.4 启动训练 fit()

将 3.3.6 小节中的模型训练代码稍作调整，即可实现 Perceptron 类的 fit()方法，代码如下：

```
def fit(self, x, y):
    if len(x) != len(y):
        print('error')
        return False
    # 样本数目
    m = len(x)
    for epoch in range(self.epochs):
        m_correct = 0
        for i in range(m):
            if(y[i] == self.predict(x[i])):
                m_correct+=1
            else:
                self.model_w, self.model_b = self.update_params(
                    x[i], y[i], self.model_w, self.model_b)
        if(m_correct==m):
            print('model is ready after {} epoch(s)'.format(epoch))
            break
```

回顾 3.4.1 小节的内容可知，self 为**每个 Python 类方法**的首个参数，指代自身的实例对象；第 2 个参数 x 表示给定的特征向量，与 3.4.2 小节和 3.4.3 小节不同，此处的 x 表示 m 个特征向量，以精简版 iris 训练集为例，$m=3$；第 3 个参数 y 表示对应的真实值标签 y 集合，含有 m 个元素。

本小节与 3.3.6 小节的不同之处在于，3.3.6 小节调用 update_weights()方法时，传参与接收返回值使用的是 model_w 和 model_b 变量；而本小节则需要通过 self.model_w 和 self.model_b 访问模型参数。因为 update_weights()方法运行于类的内部，而 model_w 和 model_b 不再是普通的局部变量而是实例的属性。

以下代码用于测试 update_weights()方法。

```
classifier = Perceptron(.6, 10, [.5,.5])
print('before update')
print(classifier.model_w)
print(classifier.model_b)
classifier.fit(x_train, y_train)
print(classifier.model_w)
print(classifier.model_b)
```

回顾 3.4.1 小节至 3.4.3 小节的内容可知，运行上述代码将会再次创建一个 Perceptron 类的实例。该实例的权值向量初始值为$[0.5, 0.5]^\mathrm{T}$。

训练完成后，模型在训练集上的准确率为百分之百。代码运行结果如下：

```
before update
[0.5, 0.5]
0.0
model is ready after 2 epoch(s)
[0.02 0.68]
-0.6
```

可以看到，在调用实例 classifier 的 fit()方法之前，其模型参数的初始值为 $w=[0.5, 0.5]^\mathrm{T}$，$b=0.0$；当训练完成后，最终的模型参数即模型"学习"到的结果，与 3.3.3 小节 3.3.4 小节和 3.3.6 小节所演示的模型学习过程一致。

在代码实现中，通常以 fit()作为函数名或方法名，这种方式称为拟合。

通常情况下，机器学习和深度学习文献中的拟合（fit）、学习（learning）与训练（training）所表示的含义相同，即 3.3.3 小节、3.3.4 小节、3.3.6 小节和 3.4.4 小节从不同角度详细演示的模型学习过程。

由于我们的样本数目极少，模型也极为简单，因而代码运行时间较少。随着学习的深入，我们将使用到更多的样本，构建并训练更复杂的模型，运行 fit()相关代码可能需要几秒钟、数小时甚至更久的时间，因而本节称 fit()方法为启动训练。

3.4.5 重构 Perceptron 类

为方便理解，同时也尽可能地复用 3.3.4 小节中的代码，3.4.3 小节和 3.4.4 小节中的代码实现中包含一部分冗余逻辑。3.3.4 小节中以函数形式实现了感知机算法，因而需要返回更新后的模型参数权值向量 w 和偏置量 b。而在 Perceptron 类内部可以通过 self.model_w 和 self.model_b 的方式访问，当 classifier 指向该类的实例时，在类的外部可通过 classifier.model_w 和 classifier.model_b 访问模型参数。完整的代码如下：

```python
import numpy as np
nearest_setosa = np.array([[1.9, 0.4],[1.6, 0.6]])
nearest_versicolor = np.array([[3. , 1.1]])
x_train = np.concatenate((nearest_setosa, nearest_versicolor), axis=0)
y_train = [-1, -1, 1]

class Perceptron:
    def __init__(self, learning_rate=.1, epochs=10, model_w=[.1, .1],
model_b=.0):
        self.learning_rate = learning_rate
        self.epochs = epochs
        self.model_w = model_w
        self.model_b = model_b

    def predict(self, x):
        if np.dot(x, self.model_w) + self.model_b >= 0:
            return 1
        else:
            return -1

    def update_params(self, x, y):
        self.model_w += self.learning_rate * y * x
        self.model_b += self.learning_rate * y

    def fit(self, x, y):
        if len(x) != len(y):
            print('error')
            return False
        # 样本数目
        m = len(x)
        for epoch in range(self.epochs):
            m_correct = 0
            for i in range(m):
                if(y[i] == self.predict(x[i])):
                    m_correct+=1
                else:
                    self.update_params(x[i], y[i])
            if(m_correct==m):
                print('model is ready after {} epoch(s)'.format(epoch))
                break
```

通常情况下，由于 update_params()位于类的内部，可以通过 self.model_w 和 self.model_b

访问模型参数，因而调用该方法时无须传参 w、b；相同的原因，fit()方法中也无须传参 w、b 并接收相应的返回值。

以下代码用于测试重构版本的 Perceptron 类。

```
classifier = Perceptron(.6, 10, [.5,.5])
print('before update')
print(classifier.model_w)
print(classifier.model_b)
classifier.fit(x_train, y_train)
print(classifier.model_w)
print(classifier.model_b)
for i in range(len(x_train)):
    print(y_train[i] == classifier.predict(x_train[i]))
```

上述示例中的每行代码都已经反复讲解、演示多次，这里不再赘述，运行结果如下：

```
before update
[0.5, 0.5]
0.0
model is ready after 2 epoch(s)
[0.02 0.68]
-0.6
True
True
True
```

可以看到，与 3.3.3 小节、3.3.4 小节、3.3.6 小节和 3.4.4 小节中的学习过程和结果均精准一致。此时，重构完成，测试通过。

3.5　小结与补充说明

感知机是本书第一个详细讲解（将基本思想、数学表达与代码实现一一对应）的机器学习算法，它是构建神经网络的基本组成单元。

- 感知机的"学习材料"是训练数据集，学习的内容是 w 和 b，即连接权值（weight）与阈值（threshold），"学习目标"是找到一组合适的参数 w、b 使模型对样本与新输入尽可能正确地分类。具体的学习方式是更新参数，因而模型学习的过程即是参数更新的过程，更新参数的依据是损失函数及其梯度。

感知机更新参数时使用的算法是一种优化算法。损失函数与优化算法将在第 4 章详细讲解。

为方便理解，本章以两个特征来表示一个样本，详细解释了感知机的学习过程。第 2 章则是以 784（一幅 28×28 像素的图像）或 64（一幅 8×8 像素的图像）个特征来表示一个样本。在实际项目中，表示一个样本可能会用数百万甚至更多的特征。

若以记号 n 表示设定的特征数目，则线性方程 $w^Tx+b=0$ 对应于特征空间 $\mathbf{R}^n$ 中的分离超平面（hyperplane）。

符号函数可译作 sign function 或 signum function，通常以记号 sgn(x)或 sign(x)表示。若需求为将线性模型 $z=\boldsymbol{w}^{\mathrm{T}}x+b$ 的输出值 z 映射为{0, 1}，则使用阶跃函数与符号函数是等效的。

注意，阶跃函数与符号函数是两个不同的函数。

本章使用记号 η 表示模型的学习率，在其他文献中可能会以 α 或其他记号来表示。不管以何种记号来表示，其含义是相同的。

需要说明的是，本章及其他众多机器学习相关书籍中所介绍的感知机模型并非 Frank Rosenblatt 于1958年发表的 The perceptron: A probabilistic model for information storage and organization in the brain 和 Principles of Neurodynamics 中的原始形式，而是简化、演化后的形式，旨在帮助读者理解现代人工神经网络的工作原理与构建要素。感知机的原始形式如图 3-28 所示。

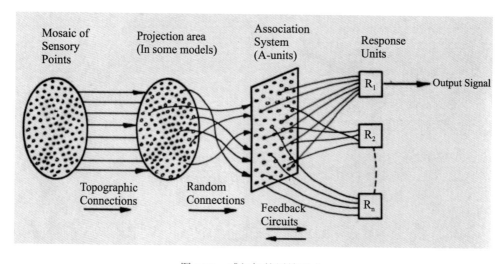

图 3-28　感知机的原始形式

通过本章的学习，读者可以进一步掌握使用机器学习算法（如感知机）完成特定任务（如分类）的基本工作流程（workflow），即：

（1）获取数据（在实际项目中通常伴随数据清洗等相关数据准备工作）。

（2）数据探查。

（3）选择或定义合适的模型、损失函数与优化算法。

（4）在训练集上训练模型。

（5）在测试集上评估模型。

重复（3）至（5）步尝试选择合适的模型并进行优化，调整超参（如调整学习率），当核心指标满足业务部门的需求时，发布模型（集成到业务应用系统）。

为方便理解，本书将数据集划分为两部分，即训练集与测试集，在更完整的工作流程中，应划分为训练集、验证集和测试集，限于篇幅，对此不再展开讨论。

在一些文献中，将学习算法描述为"完全正确"的划分，这样的划分在理想情况下是可能存在的，如数据集是完美且线性可分的，但在实际应用中，往往无法得到"完全正确"的划分，因而 3.3.2 小节将其表述为"尽可能正确地预测/划分"。

为方便读者理解，3.3 节和 3.4 节对模型学习过程进行了简化，将随机选取样本简化为固定顺序，并以确定值初始化权值向量，后面的 7.5 节将对此进行扩展。

本章的示例代码与练习参考答案请参考代码包中的 ch03_perceptron.ipynb 文件。

第 4 章　对数几率回归算法思想与实现

【学习目标】
- 进一步理解特征、准确率及其他基础概念；
- 进一步理解模型的学习过程；
- 进一步提高将数学表达转化为代码实现的能力；
- 进一步理解激活函数的含义；
- 初步理解损失函数的含义；
- 回顾导数与求导法则；
- 初步理解梯度与梯度下降的含义。

4.1　神经网络结构示意图

第 3 章介绍的感知机及本章将要介绍的对数几率回归（Logistic regression）模型都可看作单层神经网络。更准确地说，它是人工神经网络，是机器学习的一个分支。尽管该领域偶尔从生物神经科学中获得灵感，但更多的是基于数学与计算机软件工程而推进。在不引起歧义的情况下，本书与其他文献一样均简称其为神经网络（neural network，nn）。

如图 4-1 所示为神经网络架构示意图，它描绘了第 3 章中的感知机模型由输入层与输出层构成。这样的网络架构称为单层神经网络（single-layer neural network）。

随着学习的深入，我们会逐步了解并掌握两层神经网络、三层神经网络及更多层数的神经网络。当使用"L 层神经网络"描述网络架构时，L 表示层数，通常不计算输入层。如图 4-2 所示的是一个两层神经网络架构，也称单隐层神经网络架构。有关隐层和多层神经网络的相关内容将在后续章节中详细讲述。

在如图 4-1 所示的神经网络架构中，输入层包含两个神经元（neurons），也称为单元（units），用于输入相应的特征值。在输出层中含有一个神经元，将输入层的信息加权和汇总，即 $z = x_1 w_1 + x_2 w_2$，$z \in R$，再通过符号函数 sign(z) 将 z 映射为 {-1, 1} 或 {0, 1}，其中符号函数是一种激活函数（activation function）。

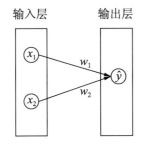

图 4-1　单层神经网络架构

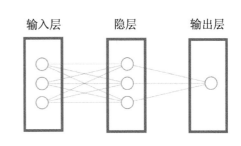

图 4-2　单隐层神经网络架构

在多层神经网络中，激活函数的作用是对上一层输入的加权和（weighted sum）进行**非线性变换**然后向下一层输出。

需要说明的是，激活函数不只有一种，除符号函数外，还可以是 sigmoid 函数、ReLU 函数或其他函数。

4.2　对数几率回归的数学表达

虽然感知机可以作为二分类问题的分类器，但是在对其输出进行概率化解释时会产生不便。假定其激活函数（即符号函数 sign()）的输出空间为{0, 1}，若强行赋予其概率含义，则可能得到以下解释：

给定一个特征向量，当符号函数输出为 0 时，表示模型可以确定其属于反类，当符号函数输出为 1 时，表示模型可以确定其属于正类。这样的解释通常与直觉和事实都不相符，也不便于扩展到多分类问题中，因此有必要找到这样一个函数，其输出为 0~1 之间的实数。S 形曲线函数（sigmoid functions）便是这样一类函数，其中具有代表性的函数包含但不限于以下函数：

对数几率函数（logistic function）

$$\sigma(x) = \frac{1}{1 + e^{-x}}$$

双曲正切函数（hyperbolic tangent）

$$\tanh x = \frac{e^x - e^{-x}}{e^x + e^{-x}}$$

反正切函数（arctangent function）

$$f(x) = \arctan x$$

将感知机模型 $\hat{y} = \text{sign}(z)$ 中的符号函数 sign()替换为对数几率函数，得到 $a = \sigma(z)$，其中 $z = w^T x + b$，这样的模型称为对数几率回归模型，也音译为逻辑回归模型或逻辑斯蒂回归。

而 $z=\boldsymbol{w}^\mathrm{T}x+b$ 部分，则称为线性模型，由特征 x 线性组合而成，亦可表达为 $z=\boldsymbol{w}\cdot x+b$。

此时，模型的输出为 0 至 1 之间的实数。对于给定的特征向量：若模型的输出为 0.60，则可解释为模型有 60% 的信心预测其为正类；若模型的输出为 0.375，则可解释为模型有 37.5% 的信心预测其为正类，或有 62.5% 的信心预测其为反类。

上述解释的数学表达为：

当 y=1 时，$a=P(y|x)$

当 y=0 时，$a=1-P(y|x)$

其中，a 表示激活函数的输出值。

需要说明的是，将对数几率回归函数用作激活函数后，其输出为(0, 1)之间的实数，因此需要将其再映射到{0, 1}中。有文献和代码实现将该映射视为模型的组成部分，此时激活函数的输出**不直接等于**模型的输出，也有文献和代码实现将该映射视为模型之外应用系统的部分，此时激活函数的输出即是模型的输出。

无论哪种视角，都可以用 $\hat{y}$ 表示最终输出的预测值，于是：

当 $a>0.5$ 时，$\hat{y}$=1，最终输出的预测值为正类；

当 $a<0.5$ 时，$\hat{y}$=0，最终输出的预测值为反类。

需要说明的是，若比较严格地应用概率化解释，当模型激活函数值为 0.5 时，表示模型无法判断给定的样本属于正类或反类。在代码实现中应对这种情况进行单独处理，限于篇幅，这里不再对此详细讨论。

4.3　对数几率函数的 Python 实现

对数几率函数是常用函数，可以将其定义为一个 Python 函数方便以后调用，代码如下：

```
def sigmoid(z):
    s = 1/(1+np.exp(-z))
    return s
```

其中，np.exp(-z)用于计算以 e 为底的指数函数 $e^{(-z)}$。

以下代码用于体验 np.exp()：

```
import numpy as np
np.exp(1)
```

自然底数 e 的 1 次方是其自身，因而结果约为 2.7182818，代码运行结果如下：

```
2.718281828459045
```

及时测试代码是一个良好的编码习惯。以下代码先导入必要的包，再通过 np.arange 创建一个 NumPy 数组 x，其包含[-10, 10)的 100 个实数，间隔为 0.2，用于作为绘制曲线的横坐标。我们将 x 作为参数传给刚刚定义的 sigmoid()函数，得到的返回值数组 y 作为绘制曲线的纵坐标。

```
%matplotlib inline
import matplotlib.pyplot as plt
import numpy as np
x = np.arange(-10., 10., 0.2)
y = sigmoid(x)
_ = plt.plot(x,y)
plt.show()
```

代码运行结果如图 4-3 所示。

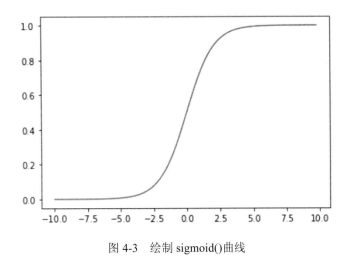

图 4-3　绘制 sigmoid()曲线

通过 np.set_printoptions()可以设置小数点精度，suppress=True 可以设置函数不使用科学计数法，以方便查看 x 中的元素。代码及其运行结果如图 4-4 所示。

```
1  np.set_printoptions(precision=3, suppress=True)
2  x
```

```
array([-10. ,  -9.8,  -9.6,  -9.4,  -9.2,  -9. ,  -8.8,  -8.6,  -8.4,
        -8.2,  -8. ,  -7.8,  -7.6,  -7.4,  -7.2,  -7. ,  -6.8,  -6.6,
        -6.4,  -6.2,  -6. ,  -5.8,  -5.6,  -5.4,  -5.2,  -5. ,  -4.8,
        -4.6,  -4.4,  -4.2,  -4. ,  -3.8,  -3.6,  -3.4,  -3.2,  -3. ,
        -2.8,  -2.6,  -2.4,  -2.2,  -2. ,  -1.8,  -1.6,  -1.4,  -1.2,
        -1. ,  -0.8,  -0.6,  -0.4,  -0.2,  -0. ,   0.2,   0.4,   0.6,
         0.8,   1. ,   1.2,   1.4,   1.6,   1.8,   2. ,   2.2,   2.4,
         2.6,   2.8,   3. ,   3.2,   3.4,   3.6,   3.8,   4. ,   4.2,
         4.4,   4.6,   4.8,   5. ,   5.2,   5.4,   5.6,   5.8,   6. ,
         6.2,   6.4,   6.6,   6.8,   7. ,   7.2,   7.4,   7.6,   7.8,
         8. ,   8.2,   8.4,   8.6,   8.8,   9. ,   9.2,   9.4,   9.6,
         9.8])
```

图 4-4　设计浮点数精度

4.4 对数几率回归模型的损失函数

通过 3.3.3 小节与 3.3.4 小节的学习可知，神经网络模型的学习过程即是更新参数 w、b 的过程。对数几率回归模型的学习过程则是通过调整 w、b 的值，使得其激活函数 $\sigma(z)$ 的输出值 a 不断接近真实值 label。

3.3.5 小节介绍了损失函数的概念，即用于度量模型预测值与真实值 label 的接近程度的函数。对数几率回归模型的损失函数 $\mathcal{L}(y,a)$ 用于度量激活函数输出值 $a=\sigma(z)$ 与真实值 y 之间的误差程度，其需要满足以下要求：

当 $y=1$ 时，a 越接近 1，则 $\mathcal{L}(y,a)$ 的输出值越接近 0；

当 $y=0$ 时，a 越接近 0，则 $\mathcal{L}(y,a)$ 的输出值越接近 0。

注意，$\mathcal{L}(w,b) = \mathcal{L}(y,a)$，是因为 y 的真实值是 label，它对于一个具体的样本而言是常量，而 a 则是由 $\sigma(z)$ 计算得到，其中 $z=w^Tx+b$。因此，$\mathcal{L}(y,a)$ 是关于 w,b 的复合函数，记作 $\mathcal{L}(w,b)$，于是上述要求也可以表述为：

当 $y=1$ 时，a 越接近 1，则 $\mathcal{L}(w,b)$ 的输出值越接近 0；

当 $y=0$ 时，a 越接近 0，则 $\mathcal{L}(w,b)$ 的输出值越接近 0。

以上两种表述方式是等效的。

可以想到，对数函数 $f(a)=\ln(a)$ 经过简单的变换组合后就可以满足上述要求。注意，上述数学表达中，a 表示函数 f 的自变量，这是因为激活函数 $\sigma(z)$ 的输出值 a 是损失函数 $\mathcal{L}(y,a)$ 的输入值，即自变量。

以下代码用于绘制一个对数函数的示意图：

```python
import numpy as np
import matplotlib.pyplot as plt

log_x = np.arange(.01, 1, .01)
log_y = np.log(log_x)

f, ax = plt.subplots(figsize=(5,5))
ax.spines['left'].set_position('center')
ax.spines['bottom'].set_position('center')
ax.spines['right'].set_color('none')
ax.spines['top'].set_color('none')
plt.ylim([-3, 3])
plt.xlim([-3, 3])
ax.plot((1), (0), ls="", marker=">", ms=10, color="k",
        transform=ax.get_yaxis_transform(), clip_on=False)
ax.plot((0), (1), ls="", marker="^", ms=10, color="k",
        transform=ax.get_xaxis_transform(), clip_on=False)
ax.set_xticks(np.arange(-2, 3))
ax.set_yticks(np.arange(-2, 3))
```

```
ax.plot(log_x, log_y)
plt.show()
```

前两行代码用于导入 NumPy 和 matplotlib.pyplot 模块。

核心代码只有两行：np.arange(.01, 1, .01)用于生成一个 NumPy 数组 log_x，作为图像的横坐标，每个元素之间的间隔为 0.01，使图像看起来相对平滑；np.log(log_x)用于输出与之对应的纵坐标数组 log_y。

需要说明的是，np.log()对于给定的 array_like 返回其以 e 为底的自然对数，对应数学中的 ln()。

在最后两行代码中，ax.plot(log_x, log_y)用于绘制函数图像，plt.show()用于显示由 ax.plot()绘制的图像 plot。其余代码用于绘制坐标轴和箭头。代码运行结果如图 4-5 所示。

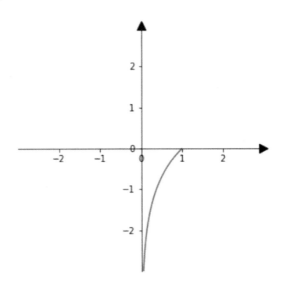

图 4-5　函数 $f(a)=\ln(a)$的图像

可以看到，当 np.log()的输入值越接近 1 时，np.log()的输出值就越接近 0，但是该函数无法直接用作损失函数。这是因为，当 np.log()的输入值在(0,1)之间时，其输出值小于 0，因此，我们需要对其进行简单的变换，令 $f(a)=-\ln(a)$。

为方便调用，下面将绘制坐标轴的代码封装为函数，代码如下：

```
def dsplot(x, y):
    f, ax = plt.subplots(figsize=(5,5))
    ax.spines['left'].set_position('center')
    ax.spines['bottom'].set_position('center')
    ax.spines['right'].set_color('none')
    ax.spines['top'].set_color('none')
    plt.ylim([-3, 3])
    plt.xlim([-3, 3])
```

```
ax.plot((1), (0), ls="", marker=">", ms=10, color="k",
        transform=ax.get_yaxis_transform(), clip_on=False)
ax.plot((0), (1), ls="", marker="^", ms=10, color="k",
        transform=ax.get_xaxis_transform(), clip_on=False)
ax.set_xticks(np.arange(-2, 3))
ax.set_yticks(np.arange(-2, 3))
ax.plot(x, y)
plt.show()
```

其中，参数 x、y 用于传参需要绘制的图像的横坐标和纵坐标。

复用前面的横坐标数组 log_x，通过代码-np.log(log_x)生成图像所需的纵坐标，调用我们刚刚创建的 dsplot()函数绘制函数图像。需要注意的是，此时的 log_y 与前例的 log_y 不同。代码及其运行结果如图 4-6 所示。

从图 4-6 中可以看到，当函数的输入值越接近 1 时，函数的输出值就越接近 0，可以作为 $y=1$ 时的损失函数部分。同样，我们可以找到 $f(a)=-\ln(1-a)$，作为 $y=0$ 时的损失函数部分。代码及其运行结果如图 4-7 所示。

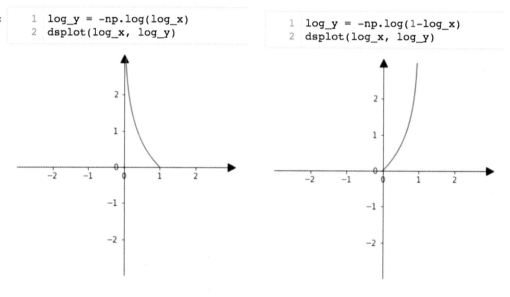

图 4-6　函数 $f(a) = -\ln(a)$ 的图像　　　图 4-7　函数 $f(a) = -\ln(1-a)$ 图像

可以看到，当函数的输入值越接近 0 时，函数的输出值也越接近 0。

使用简单的数学技巧，将两部分组合成一个函数，可以得到：

$$\mathcal{L}(w,b) = -[y\ln a + (1-y)\ln(1-a)] \tag{4-1}$$

或

$$\mathcal{L}(w,b) = -[y\log a + (1-y)\log(1-a)] \tag{4-2}$$

需要说明的是，在讨论机器学习问题时，若无特别说明，log()通常指以 e 为底的对数函数。因此，式（4-1）与式（4-2）等效，它们仅仅是表达形式有所不同，而没有本质上的区别。在代码实现中常以 np.log() 或其他函数计算对数函数，因此这里采用的是式（4-2）的形式。

容易验证：

当 $y=1$ 时，$1-y$ 的值为 0，方括号中后半部分的 $(1-y)\log(1-a)$ 被消掉，得到 $\mathcal{L}(w,b)=-\log a$。

当 $y=0$ 时，$1-y$ 的值为 1，方括号中前半部分的 $y\log a$ 被消掉，得到 $\mathcal{L}(w,b)=-\log(1-a)$。

因此，可以确定，式（4-2）满足需要，可以作为对数几率回归模型的损失函数。

假定整个训练集有 m 个样本，第 i 个样本的损失函数可表示为：

$$\mathcal{L}(y^{(i)},a^{(i)})=-\left[y^{(i)}\log a^{(i)}+(1-y^{(i)})\log(1-a^{(i)})\right] \tag{4-3}$$

模型关于整个训练集的损失函数可定义为：

$$\begin{aligned}J(w,b)&=-\frac{1}{m}\sum_{i=1}^{m}\mathcal{L}(y^{(i)},a^{(i)})\\&=-\frac{1}{m}\left(\sum_{i=1}^{m}y^{(i)}\log a^{(i)}+(1-y^{(i)})\log(1-a^{(i)})\right)\end{aligned} \tag{4-4}$$

可以发现，模型关于整个训练集的损失函数 $J(w,b)$，是将模型对每个样本的损失函数求和，然后再进行算术平均而来的。

需要说明的是，在吴恩达老师的标题名为 Gradient Descent（梯度下降法），编号为 C1W2L04 的视频中，在 0 分 30 秒处将此处误写作：

$$J(w,b)=\frac{1}{m}\sum_{i=1}^{m}\mathcal{L}(\hat{y}^{(i)},y^{(i)})=-\frac{1}{m}\sum_{i=1}^{m}y^{(i)}\log\hat{y}^{(i)}+(1-y^{(i)})\log(1-\hat{y}^{(i)})$$

其中，$\hat{y}^{(i)}$ 等同于本节中的 $a^{(i)}$。

对比后可以发现，$\frac{1}{m}$ 后面少了一个作用于整体的括号，虽然吴恩达老师在 coursera 上发布了订正版本和勘误说明，但是以逻辑回归损失函数的梯度、The Derivative of Cost Function for Logistic Regression 或梯度下降法为关键字进行检索，仍然可以看到大量包含该笔误的文章和视频，请读者在参考相关资料时注意区分。

请读者练习：通过 Python 代码实现 loss_ya() 函数，对给定的 y, a 计算其损失函数值。

4.5　梯度下降法的数学表达（选修）

需要说明的是，即使读者未熟练掌握本节内容，也不影响构建和训练神经网络模型，原因将在第 5 章给出。

为突出重点，即算法思想，本节中的讨论均以 $\dfrac{\mathrm{d}f(t)}{\mathrm{d}t}$ 表示函数 $f(t)$ 对 t 的导数。其中，t 可能是单变量也可能是多变量，并未逐个区别，请读者重点关注算法思想而非其他方面。

对数几率回归模型的学习过程可以看作找到一组 w、b，使得式（4-4）所示的损失函数在**整个训练集**上得到最小值或极小值，即误差最小。

当模型与损失函数都比较简单时，误差最小化问题可以通过数学公式计算求出解析解（analytical solution）。

但大多数深度学习模型很难直接求出解析解，通常需要通过优化算法尽可能地降低损失函数的值。通过这样的方法得到的解称为数值解（numerical solution）。这个求解过程可以简单地理解为：尝试某个值→获取反馈→调整该值→再尝试，直至误差小于预设范围或迭代次数超过预设范围，这种方法称为试误法（the trial and error method）。

梯度下降法的原理是依据损失函数对模型参数的梯度（偏导数）不断更新其 w、b 并逐渐减小误差，最终使整体误差小于预设范围。

为方便理解，本节只考虑单个样本的情况，后续章节中将讨论多个样本的情况。因此以下讨论基于式（4-2）所示的损失函数。

要计算损失函数 $\mathcal{L}(w,b)$ 对模型参数 w,b 的导数，需要先计算损失函数对激活函数的导数及损失函数对线性模型的导数。

损失函数 $\mathcal{L}(y,a)$ 对激活函数的导数（the derivative of the loss with respect to activation）的数学表达为：

$$\frac{\mathrm{d}\mathcal{L}(y,a)}{\mathrm{d}a} = -\frac{y}{a} + \frac{1-y}{1-a} \tag{4-5}$$

为方便讨论，本书与其他参考资料以 a 表示模型的激活函数或激活函数对某个样本的输出，亦称激活函数值，或 a 值（activation）。于是上述数学表达也称为损失函数对 z 的导数。

损失函数 $\mathcal{L}(y,b)$ 对线性模型的导数（the derivative of the loss with respect to linear model）的数学表达为：

$$\frac{\mathrm{d}\mathcal{L}(y,a)}{\mathrm{d}z} = \frac{\mathrm{d}\mathcal{L}(y,a)}{\mathrm{d}a} \cdot \frac{\mathrm{d}a}{\mathrm{d}z} \tag{4-6}$$

为方便讨论，本书与其他参考资料以 z 表示模型的线性模型或线性模型对某个样本的输出，亦称线性输出值，或 z 值。于是上述数学表达也称为损失函数对 z 的导数。

式（4-6）的等号右侧包含两项，第 1 项是损失函数对 a 的导数，已由式（4-5）给出，因此只需计算第 2 项，即 a 对 z 的导数即可。

又因为 $a=\sigma(z)$，所以 a 对 z 的导数可以通过以下过程求出：

$$
\begin{aligned}
\frac{\mathrm{d}}{\mathrm{d}z}\sigma(z) &= \frac{\mathrm{d}}{\mathrm{d}z}\left(\frac{1}{1+e^{-z}}\right)\\
&= \frac{e^{-z}}{(1+e^{-z})^2}\\
&= \left(\frac{1}{1+e^{-z}}\right)\left(\frac{e^{-z}}{1+e^{-z}}\right)\\
&= \left(\frac{1}{1+e^{-z}}\right)\left(\frac{1+e^{-z}}{1+e^{-z}}-\frac{1}{1+e^{-z}}\right)\\
&= \sigma(z)\left(\frac{1+e^{-z}}{1+e^{-z}}-\sigma(z)\right)\\
&= \sigma(z)(1-\sigma(z))\\
&= a(1-a)
\end{aligned}
\tag{4-7}
$$

将式（4-5）和式（4-7）代入式（4-6）可得：

$$
\begin{aligned}
\frac{\mathrm{d}\mathcal{L}(y,a)}{\mathrm{d}z} &= (-\frac{y}{a}+\frac{1-y}{1-a})\bullet a(1-a)\\
&= -y(1-a)+(1-y)a\\
&= a-y
\end{aligned}
\tag{4-8}
$$

用同样的方法可以得到：

$$
\frac{\mathrm{d}\mathcal{L}(y,a)}{\mathrm{d}w_1} = \frac{\mathrm{d}\mathcal{L}(y,a)}{\mathrm{d}z}\bullet\frac{\mathrm{d}z}{\mathrm{d}w_1} = \frac{\mathrm{d}\mathcal{L}(y,a)}{\mathrm{d}z}x_1 = (a-y)x_1
\tag{4-9}
$$

$$
\frac{\mathrm{d}\mathcal{L}(y,a)}{\mathrm{d}w_2} = \frac{\mathrm{d}\mathcal{L}(y,a)}{\mathrm{d}z}\bullet\frac{\mathrm{d}z}{\mathrm{d}w_2} = \frac{\mathrm{d}\mathcal{L}(y,a)}{\mathrm{d}z}x_2 = (a-y)x_2
\tag{4-10}
$$

$$
\frac{\mathrm{d}\mathcal{L}(y,a)}{\mathrm{d}b} = \frac{\mathrm{d}\mathcal{L}(y,a)}{\mathrm{d}z}\bullet\frac{\mathrm{d}z}{\mathrm{d}b} = \frac{\mathrm{d}\mathcal{L}(y,a)}{\mathrm{d}z} = (a-y)
\tag{4-11}
$$

于是可以得到参数 w 的更新方法：

$$
w_1=w_1-\eta(a-y)x_1
\tag{4-12}
$$

$$
w_2=w_2-\eta(a-y)x_2
\tag{4-13}
$$

合并（4-12）与（4-13）可得

$$
w=w-\eta(a-y)x
\tag{4-14}
$$

其中，$x=[x_1, x_2]^{\mathrm{T}}$ 表示该样本的特征向量，$w=[w_1, w_2]^{\mathrm{T}}$ 表示相应的权值向量。

因此，可得参数 b 的更新方法。

$$
b=b-\eta(a-y)
\tag{4-15}
$$

请读者练习：通过 Python 代码实现模型参数 w, b 的更新方法。

4.6　梯度下降法的 Python 实现

4.5 节给出了对数几率回归模型参数更新的数学表达。同样，本节将给出其 Python 代码。

由于在参数更新过程中多处需要使用损失函数关于 z 的梯度 $\dfrac{d\mathcal{L}}{dz}$，所以用 Python 变量 dz 表示该值。代码如下：

```
a = activation(x)
dz = a - y
```

其中，activation()为激活函数，参数 x 表示该样本的特征向量；给定 x 值后，将返回相应的激活函数值。activation()函数的 Python 实现代码将在 4.7 节中给出。

Python 变量 a 指向模型激活函数的输出值；Python 变量 y 表示该样本的真实值标签（ground truth label）；Python 表达式 a-y 对应 4.5 节中给出的数学表达中的 $\dfrac{d\mathcal{L}}{dz}=a-y$；计算结果保存在 Python 变量 dz 中。

w_1 与 w_2 的更新可以写在一行：

```
model_w = model_w - learning_rate * dz * x
```

其中，model_w 表示向量 $\boldsymbol{w}=[w_1, w_2]^{\mathrm{T}}$。

learning_rate 表示学习率，通常在初始化阶段或类的实例化阶段定义。

使用-=运算符可进一步简化代码，例如：

```
model_w -= learning_rate * dz * x
```

以下代码用于更新参数 b：

```
model_b -= learning_rate * dz
```

以上便是更新参数所对应的 Python 实现代码，将其封装在类 LogisticRegression 的 update_params()方法中，代码如下：

```
class LogisticRegression:
    def update_params(self, x, y):
        a = self.activation(x)
        dz = a - y
        self.model_w -= self.learning_rate * dz * x
        self.model_b -= self.learning_rate * dz
```

可以发现，上述代码复用了 3.4.5 小节中 update_params()方法的大部分代码与处理逻辑。

4.7　对数几率回归模型的 Python 实现

本节将在 4.6 节的基础上实现 LogisticRegression 类中的几个基本方法。首先是构造器（constructor），其用于在实例化阶段对成员变量（亦称属性）进行初始化，可直接复用 3.4.5 小节中的__init__()方法。

```
class LogisticRegression:
    def __init__(self, learning_rate=.1, epochs=10, model_w=[.1, .1],
model_b=.0):
        self.learning_rate = learning_rate
        self.epochs = epochs
        self.model_w = model_w
        self.model_b = model_b
```

其中：模型学习率 learning_rate 的默认值为 0.1；epochs 的默认值为 10，其含义为，若实例化该类时未指定 epochs 参数，则模型默认对整个数据集学习 10 遍；权值向量 w 的默认值为$[0.1, 0.1]^T$；偏置量 b 的默认值为 0.0。

其次是实现 activation()方法，该方法用于计算给定的特征向量 x 的激活函数值，代码如下：

```
def activation(self, x):
    z = np.dot(x, self.model_w) + self.model_b
    return sigmoid(z)
```

其中，np.dot()用于计算给定的两个向量 w, x 的点积，整行代码用于计算线性模型 $z=w^Tx+b$ 的值，并将其保存在 Python 变量 z 中。

以 z 为参数，调用 4.3 节中实现的对数几率函数 sigmoid()，其返回值即是模型激活函数的输出值，亦称激活函数值（activation）。

接下来实现 predict()方法，用于将激活函数输出的连续值映射为{0,1}的离散值，代码如下：

```
def predict(self, x):
    a = self.activation(x)
    if a >= 0.5:
        return 1
    else:
        return 0
```

可以看到，predict()方法复用了 3.4.5 小节中 predict()方法的大部分代码与处理逻辑。主要区别是，不再直接判断线性模型的输出 z，而是判断激活函数值 a。

predict()方法的输入参数为特征向量，对给定的特征向量 x，调用 logisticRegression 类的 activation()方法计算模型的激活函数值（activation），并将其保存在变量 a 中。

回顾 4.2 节的内容可知，当 $a=0.5$ 时，模型无法预测给定的特征向量属于哪个类别，因此在实际产品的代码中应专门处理，此处为方便读者聚焦核心算法思想，故做了简化处理。

然后定义 fit()方法，对应模型的学习、训练和拟合过程，代码如下：

```
def fit(self, x, y):
    # 样本数目
    m = len(x)
    for epoch in range(self.epochs):
        m_correct = 0
        for i in range(m):
            if(y[i] == self.predict(x[i])):
                m_correct+=1
            else:
                self.update_params(x[i], y[i])
        if(m_correct==m):
            print('model is ready after {} epoch(s)'.format(epoch))
            break
```

调用 fit()方法时需要传参 x 和 y，二者表示给定样本的特征向量及其对应的真实值 label。

fit()方法使用了两层循环。在外层循环中控制模型对整个数据集学习 epochs 遍，在内层循环中顺序访问（学习）每个样本；若模型预测值与真实值不等，即模型对给定样本的预测不正确，则调用 update_weights()方法通过"学习"该样本来更新参数。

以下代码用来指定参数构建一个 LogisticRegression 类的实例。

```
classifier = LogisticRegression(.5, 30, [-.5,-.5])
```

如果没有 if(m_correct==m)判断及 break 调用，则不管模型实际需要学习多少次 epochs，都要等学习 30 个 epochs 后才结束训练。一部分研究人员习惯将 epochs 的值设置得较大，如 100 或者更大，这样的设计虽然方便代码的实现，但可能会造成某种程度的资源浪费。例如，训练 10 个 epochs 后，模型的准确率已经达到了 100%，那么后续的训练可能无法进一步提高模型的准确率。

因此，通过 if(m_correct==m)条件可以控制训练的进度。m_correct==m 表示模型的准确率已经达到了 100%，于是通过 break 结束外层循环，即结束训练。

完整的类定义代码如下：

```
class LogisticRegression:
    def __init__(self, learning_rate=.1, epochs=10, model_w=[.1, .1],
model_b=.0):
        self.learning_rate = learning_rate
        self.epochs = epochs
        self.model_w = model_w
        self.model_b = model_b

    def activation(self, x):
        z = np.dot(x, self.model_w) + self.model_b
        return sigmoid(z)
```

```
    def predict(self, x):
        a = self.activation(x)
        if a >= 0.5:
            return 1
        else:
            return 0

    def update_params(self, x, y):
        a = self.activation(x)
        dz = a - y
        self.model_w -= self.learning_rate * dz * x
        self.model_b -= self.learning_rate * dz

    def fit(self, x, y):
        # 样本数目
        m = len(x)
        for epoch in range(self.epochs):
            m_correct = 0
            for i in range(m):
                if(y[i] == self.predict(x[i])):
                    m_correct+=1
                else:
                    self.update_params(x[i], y[i])
            if(m_correct==m):
                print('model is ready after {} epoch(s)'.format(epoch))
                break
```

4.8　使用对数几率回归模型分类鸢尾花

结合 4.3 节实现的 sigmoid()函数，以及 4.6 节实现的 update_params()方法和 4.7 节实现的 LogisticRegression 类，本节将使用对数几率回归模型完成鸢尾花分类任务。注意，为了方便讨论，后面的内容我们将对数几率回归简称为 LR。

4.8.1　使用 LR 分类精简版 iris 数据集

复用 3.3.4 小节中的部分代码构建训练数据集，代码如下：

```
import numpy as np
nearest_setosa = np.array([[1.9, 0.4],[1.6, 0.6]])
nearest_versicolor = np.array([[3. , 1.1]])
x_train = np.concatenate((nearest_setosa, nearest_versicolor), axis=0)
y_train = [0, 0, 1]
```

本小节与 3.3.4 小节代码的唯一区别在于训练样本中真实值 label（标签）的不同，3.3.4 小节中将反类定义为-1，本小节中以 0 代表反类，这是因为对数几率回归模型使用对数几率函数作为激活函数，其输出值在 0～1 之间。

Python 变量 x_train 是一个 shape（形状）为(3, 2)的 NumPy 数组，对应 3 个样本的特征。Python 变量 y_train 为一个 list，含有 3 个元素，表示对应的真实值 label。

以下代码使用默认参数实例化 LogisticRegression 类。

```
classifier = LogisticRegression()
print(classifier.model_w)
print(classifier.model_b)
```

回顾 4.7 节的内容可知，权值向量 w 默认值为$[0.1, 0.1]^T$，偏置量 b 的默认值为 0.0。代码运行结果如下：

```
[0.1, 0.1]
0.0
```

以下以 x_train 和 y_train 为参数，调用实例 classifier 的 fit()方法，代码如下：

```
classifier.fit(x_train, y_train)
print(classifier.model_w)
print(classifier.model_b)
```

模型的学习过程满足以下任意一个条件时即结束：

- 训练准确率达到 100%；
- 模型对整个数据集学习 epochs=10 遍。

代码运行结果如下：

```
model is ready after 1 epoch(s)
[-0.00587709  0.07771009]
-0.055724785459855555
```

以下代码通过 for 循环遍历精简版 iris 数据集，调用 classifier.predict()方法依次输出模型对每个样本的预测值和相应的真实值 label。

```
for idx in range(len(x_train)):
    print('label:', y_train[idx], end=' ')
    print('prediction:', classifier.predict(x_train[idx]))
```

其中，y_train[idx]表示真实值 label，classifier.predict(x_train[idx])返回模型预测值。运行结果如下：

```
label: 0 prediction: 0
label: 0 prediction: 0
label: 1 prediction: 1
```

可以看到，模型在训练集上的准确率为百分之百，也可以说训练准确率（training accuracy）百分之百。

4.8.2　统计准确率

若数据集中只有少量样本，可以通过上述方法在探查算法运行情况的同时，人工计算准确率。但通常情况下，数据集中的样本数量可能多达千万甚至更多，此时若仍然通过人工计算显然不可行。以下使用向量化编程的技巧调用 classifier.predict()方法对给定数据集进行预测。

```
y_prediction = np.array(list(map(classifier.predict, x_train)))
print(y_prediction)
```

代码运行结果如下：

```
[0 0 1]
```

此时，模型的预测结果保存在 y_prediction 中，通过以下代码可以批量比对模型的预测值与数据集中相应的真实值 label。

```
print(y_prediction==y_train)
```

代码运行结果如下：

```
[ True  True  True]
```

以上结果表示模型的预测值与数据集中相应的真实值 label 全部相符，即准确率为百分之百。

刚才的判断仍然是由人工完成的，以下代码可以直接统计相符的数量。

```
np.count_nonzero(y_prediction==y_train)
```

代码运行结果如下：

```
3
```

np.count_nonzero()函数对给定的 array 或 list 统计其中 True 的数量。以下代码可以更直观地体验该函数。

```
print(np.count_nonzero([True, True, False, False, False]))
```

传入的 list 中含有两个 True，因此统计结果为 2，代码运行结果如下：

```
2
```

模型在给定数据集上预测正确的数目与总数目之比，即为模型在该数据集上的准确率。代码如下：

```
np.count_nonzero(y_prediction==y_train)/len(y_train)
```

可以想到，本例中预测匹配的数目和总数目都为 3，即准确率为 100%，以浮点数形式查看时输出为 1.0。代码运行结果如下：

```
1.0
```

通过上述方法，可以方便地统计模型在更大规模的数据集上的预测效果。

4.8.3　构造简化版 iris 数据集

仍然复用 3.2.3 小节中构造数据集的方法，代码如下：

```
from sklearn.datasets import load_iris
iris = load_iris()
x_iris_petal = iris.data[:100, 2:]
y_iris_petal = iris.target[:100]
print(x_iris_petal.shape)
print(y_iris_petal.shape)
```

需要注意的是，上述代码与 3.2.3 小节中的代码有一处不同，即省略了对数组 y_iris_petal[:50]赋值-1 的语句，这是因为我们选择了以 0 代表反类。

代码运行结果如下：

```
(100, 2)
(100,)
```

可以看到，x_iris_petal 是一个 shape 为(100, 2)的 NumPy 数组，对应 100 个样本的特征，每个样本由两个特征来表示，即 petal length（花瓣长度）和 petal width（花瓣宽度）。y_iris_petal 中保存了对应的标签。

本小节构造的 iris 数据集称为**简化版 iris**。

4.8.4　划分函数 train_test_split()

通过 sklearn.model_selection 中的 train_test_split()函数，可以对给定的数据集进行划分。以下代码用于导入该函数。

```
from sklearn.model_selection import train_test_split
```

为体验该函数，本小节将构建一个伪数据集，代码如下：

```
y_arr3 = np.arange(3)
x_arr3 = np.array([arr3,arr3]).T
print('y_arr3:', y_arr3)
print('x_arr3:')
print(x_arr3)
print('y_arr3.shape:', y_arr3.shape)
print('x_arr3.shape:', x_arr3.shape)
```

其中，x_arr3 表示特征，y_arr3 表示对应的标签。代码运行结果如下：

```
y_arr3: [0 1 2]
x_arr3:
[[0 0]
 [1 1]
 [2 2]]
y_arr3.shape: (3,)
x_arr3.shape: (3, 2)
```

结果表示第 1 个样本特征 $x^{(1)}$为$[0,0]^T$，相应的真实值标签 $y^{(1)}$为 0。

需要注意的是，x_arr3 与 y_arr3 各自包含的元素数目应相等。以下代码用于判断是否符合该条件。

```
print(len(x_arr3)==len(y_arr3))
```

本例中，两个 NumPy 数组的长度均为 3，因而符合条件。代码运行结果如下：

```
True
```

以下代码用于演示 train_test_split()函数的使用方法。

```
x_train, x_test, y_train, y_test = train_test_split(
    x_arr3, y_arr3, test_size=0.33, random_state=0)
```

可以看到，该函数的前两个参数为需要划分的数据集，第 3 个参数表示划分的比例，0.33 表示测试集占比 33%，即三分之一；random_state 表示随机种子（seed），为了方便读者得到与本例相同的结果，在实际项目中通常不指定该参数。

x_train、x_test、y_train 和 y_test 分别表示由 train_test_split()函数划分得到的训练集与测试集。以下代码用于体验划分得到的训练集。

```
print(x_train)
print(y_train)
```

可以看到，训练集由两个样本构成。代码运行结果如下：

```
[[1 1]
 [0 0]]
[1 0]
```

需要注意的是，train_test_split()函数默认使用混淆（shuffle），因此本例中 x_train 的第 1 个样本特征 $x^{(1)}$ 为 $[1,1]^T$，相应的真实值标签 $y^{(1)}$ 为 1。

本小节演示了 train_test_split()函数的用法，并体验了通过该函数划分得到的训练集。请读者练习：打印该函数划分得到的测试集。

4.8.5 划分 iris 数据集

结合 4.8.3 小节和 4.8.4 小节的内容，对简化版 iris 中的样本进行划分，代码如下：

```
x_train, x_test, y_train, y_test = train_test_split(
    x_iris_petal, y_iris_petal, test_size=0.33, random_state=0)
```

回顾 4.8.4 小节的内容可知，上述代码"随机地"将简化版 iris 中三分之一的样本划分为测试集。

以下代码用于查看训练集的 shape。

```
print(x_train.shape)
print(y_train.shape)
print(len(x_train)==len(y_train))
```

回顾 4.8.3 小节的内容可知，简化版 iris 中包含 100 个样本，因而训练集中的样本数目 m_train=67。代码运行结果如下：

```
(67, 2)
(67,)
True
```

结果表示两个 NumPy 数组中的元素数目相等，均为 67。

本小节演示了使用 train_test_split()函数划分简化版 iris 的过程，并查看了通过划分得到的训练集的 shape。请读者练习：打印查看该函数划分得到的测试集的形状。

4.8.6　使用对数几率回归模型分类 iris 数据集

结合 4.8.1 小节和 4.8.5 小节的内容，可以使用 LogisticRegression 类对简化版 iris 数据集进行分类，代码如下：

```
classifier = LogisticRegression()
print(classifier.model_w)
print(classifier.model_b)
classifier.fit(x_train, y_train)
print(classifier.model_w)
print(classifier.model_b)
```

上述代码使用默认参数实例化了一个 LogisticRegression 类的实例 classifier，并以 4.8.5 小节得到的训练集为参数调用该实例的 fit()方法。代码运行结果如下：

```
[0.1, 0.1]
0.0
model is ready after 1 epoch(s)
[0.07385147 0.16830805]
-0.26032173895996324
```

可以推测，训练完成后，该实例的训练准确率为百分之百。

以下代码用于检验模型在测试集上的准确率，即测试准确率（test accuracy）。

```
y_prediction = np.array(list(map(classifier.predict, x_test)))
print(np.count_nonzero(y_prediction==y_test))
print(np.count_nonzero(y_prediction==y_test)/len(y_test))
```

代码运行结果如下：

```
33
1.0
```

结果表明，模型对 33 个"从未见过（unseen）"的样本全部预测正确。

请读者练习：打印查看模型的训练准确率。

4.9　小结与补充说明

第 3 章以感知机为例详细介绍了模型的学习过程，即参数更新的过程。在此基础上，本章以对数几率回归模型（logistic regression）为例，详细解释了参数更新的依据，即损失函数（loss function）。损失函数度量了模型输出的预测值与真实值标签（ground truth label）之间的差距，即损失（loss），也称误差（error）。模型学习的过程便是减小这个 loss

的过程，通过不断地更新参数，使模型在整个训练集上的损失逐渐减小。这个过程使用了一种优化方法，即梯度下降。在每次迭代中，令参数减去（学习率×梯度）作为该参数的新值，以此更新参数，然后再次进行预测、计算误差、计算梯度及更新参数等操作。

评估一个模型的性能通常需要同时关注其在训练集与测试集上的准确率。一个模型在训练集上获得了较高的准确率，并不意味着其在测试集上一定也能获得相同的准确率。

为了方便理解，第 3 章与本章均以两个特征来表示一个样本，而第 2 章则是以 784（28×28 像素）或 64（8×8 像素）个特征来表示一个样本。而在实际项目中，特征数量可能高达千万或更多。

4.2 节扩充了记号 a 与 $\hat{y}$ 的含义，简而言之，二者可能相等，也可能不相等，需要根据实际情况灵活使用，第 8 章将进一步扩充其含义及使用方法。

4.2.3 小节中给出了选择损失函数时的启发式思考过程，这是专门为帮助初学者理解而进行的教学设计。若需要了解相对严谨的数学推导方法，可以参考极大似然估计（maximum likelihood estimation，MLE）方法，也称为极大似然方法（maximum likelihood method）。

为方便讨论，本书及其他参考资料中可能偶尔会混用导数（derivative）、偏导数（partial derivative）和梯度（gradient）等名词。为突出重点即算法思想，4.5 节中的讨论以 $\dfrac{\mathrm{d}f(t)}{\mathrm{d}t}$ 表示函数 $f(t)$ 对 t 的导数、偏导数或梯度。其中，t 可能是单变量也可能是多变量，这里并未逐个区别。更为严谨的方式是，当 $f(t)$ 为多变量函数时，以偏导数记号 $\dfrac{\partial f(t)}{\partial t_1}$ 表示 $f(t)$ 对 t_1 的偏导数。

4.4 节的练习参考答案将在后续章节中给出。

4.5 节的练习参考答案已经在 4.6 节中给出。

4.8.4 小节至 4.8.6 小节中的练习参考答案与本章中的示例代码，请参考代码包中的 ch04_logistic_regression.ipynb 文件。

第 5 章　使用 TensorFlow 实现对数几率回归

【学习目标】
- 进一步理解并掌握样本、标签、准确率及其他基本概念；
- 进一步理解并掌握机器学习的工作流程；
- 初步理解模型的学习过程；
- 初步具备将数学表达转化为代码实现的能力；
- 初步理解激活函数；
- 初步掌握 TensorFlow 定义神经网络模型的方法。

5.1　深入 LR 参数更新

在进入本章内容之前，建议读者仿照 3.3.3 小节与 3.3.4 小节中的步骤，尝试手动推导对数几率回归（LR）模型的学习过程。为方便理解，可以尝试设置学习率 $eta=0.1$，权值（weight 或称为权重、连接权）w=[0.1, 0.1]，偏差（bias 或称为截距）b=0.0。

5.1.1　改进 LogisticRegression 类的 update_weights()方法

本小节将改进 4.7 节实现的 LogisticRegression 类的 update_params()方法，代码如下：

```
def update_params(self, x, y, verbose):
    a = self.activation(x)
    dz = a - y

    if verbose:
        print('x_train: ', x)
        print('before update, w: {} b: {}'.format(self.model_w, self.
model_b))
        print('gradient of the loss with respect to w: ', dz * x)
        print('gradient of the loss with respect to b: {:.6f}'.format(dz))
```

```
    self.model_w -= self.learning_rate * dz * x
    self.model_b -= self.learning_rate * dz

    if verbose:
        print('after update, w: {} b: {:.5f}'.format(self.model_w, self.
model_b))
```

将上述代码与 4.7 节中的 update_params()方法进行对比，可以发现，代码对数据的处理逻辑完全相同，仅仅是增加了若干个 print()语句，方便我们对 LR 模型的学习过程进行深入的理解。

其中，x 表示模型正在学习的那个样本的特征，若顺序读取精简版 iris，则第一个样本的特征向量为[1.9, 0.4]^T。

通过以下代码可以查看该样本特征 x。

```
print('x_train: ', x)
```

之后，在控制台打印权值向量 w 与偏置量 b 的值。代码如下：

```
print('before update, w: {} b: {}'.format(self.model_w, self.model_b))
```

上面这行代码简单地使用了 Python 的格式化输出语法 string.format()，一对单引号包含的字符串中含有两对{}，表示两个占位符，对应.format()中的两个变量，即 self.model_w 与 self.model_b。

然后打印 dz * x，即损失函数对权值向量 w 的梯度。

接着再打印 dz，即损失函数对偏置量（截距）b 的梯度。其中，print()语句使用了 string.format()的特性，{:.6f}表示只显示 dz 小数点后 6 位的数字。读者可以尝试其他格式化掩码，如{:.8f}或{}。

上述代码段的最后一行是在控制台打印权值向量 w 与偏置量 b 的值，注意此时 w、b 是更新后的值。

参数 verbose 用于打印控制，默认不打印，若调用该方法时传参 verbose=True，则打印上述全部信息。

请读者练习：手动计算模型在学习率 learning_rate=0.1 的情况下，以权值向量 w=[0.1, 0.1]^T，偏置量 b=0.0 为初始值，由训练集第一个样本[1.9 0.4]学习到的梯度，即模型第一次更新参数时所依据的损失函数对 w、b 的梯度。

5.1.2　改进 LogisticRegression 类的 fit()方法

由于 5.1.1 小节中对 update_params()方法增加了 verbose 参数，因此在调用该方法时，需要将 fit()方法中接收的 verbose 参数转发到 update_params()方法中，代码如下：

```
        if(y[i] == self.predict(x[i])):
            m_correct+=1
```

```
        else:
            self.update_params(x[i], y[i], verbose)
```

其中，if 语句以模型对给定样本的预测是否准确作为判断条件，当预测不准确时，则更新参数，传参误分类样本 x、y 与 verbose。若预测准确，则无须更新参数，将 m_correct 的值累加 1。以 3.3.3 小节中定义的精简版 iris 数据集为例，其包含 3 个样本，即 *m*=3。当 m_correct 的值增加到 3 时，训练结束。

修改后的 fit()方法的完整代码如下：

```
def fit(self, x, y, verbose=False):
    # 样本数目
    m = len(x)
    for epoch in range(self.epochs):
        m_correct = 0
        for i in range(m):
            if(y[i] == self.predict(x[i])):
                m_correct+=1
            else:
                self.update_params(x[i], y[i], verbose)
        if(m_correct==m):
            print('model is ready after {} epoch(s)'.format(epoch))
            break
```

5.1.3 使用 LR 分类鸢尾花数据集并查看日志

首先复用 4.8 节中的代码构建训练数据集，代码如下：

```
import numpy as np
nearest_setosa = np.array([[1.9, 0.4],[1.6, 0.6]])
nearest_versicolor = np.array([[3. , 1.1]])
x_train = np.concatenate((nearest_setosa, nearest_versicolor), axis=0)
y_train = [0, 0, 1]
```

上面的代码与 4.8 节构建训练数据集是同一段代码。数据集由 3 个样本构成，x_train 表示其特征，y_train 表示相应的真实值标签（ground truth label）。

为方便理解 LR 模型的学习过程，设置学习率 learning_rate=0.1，n_epoch=10，权值 *w*=[0.1, 0.1]，偏置量使用默认值，即 *b*=0.0。为了详细查看模型的学习过程，调用 fit()方法时传参 verbose=True，代码如下：

```
classifier = LogisticRegression(.1, 10, [.1,.1])
classifier.fit(x_train, y_train, True)
```

代码运行结果如下：

```
x_train: [1.9 0.4]
before update, w: [0.1, 0.1] b: 0.0
gradient of the loss with respect to w:  [1.05877092 0.22289914]
gradient of the loss with respect to b: 0.557248
after update, w: [-0.00587709 0.07771009] b: -0.05572
model is ready after 1 epoch(s)
```

运行结果由 6 行日志构成。

模型以顺序方式遍历训练集中的样本，从索引（index）0 开始，即训练集中的第 1 个样本，其特征向量为$[1.9, 0.4]^T$，与运行结果中的第 1 行日志相对应。

实例化 LR 模型时传参 $w=[0.1, 0.1]^T$，而 b 则使用默认值 0.0，与运行结果中的第 2 行日志对应。

模型根据参数 $w=[0.1, 0.1]^T$，$b=0.0$ 对第 1 个样本 $x^{(1)}=[1.9, 0.4]^T$ 进行预测。由于模型预测的最终结果与对应的真实值标签 $y^{(1)}$ 不同，即条件 y[i] == self.predict(x[i]) 不符合，因而需要更新参数。计算损失函数对 w 的梯度，得到[1.05877092 0.22289914]，与运行结果中的第 3 行日志对应。同样的逻辑，得到损失函数对 b 的梯度。

以学习率 learning_rate 乘以梯度，并以参数 w、b 的当前值减去学习率（learning-rate）乘梯度的积，然后将结果赋值相应的参数并作为参数的新值，即学习到的参数值。

w1 的当前值为 0.1，相应的梯度为 1.05877092，learning_rate=0.1，手动计算代码如下：

```
w1 = 0.1 - 0.1*1.05877092
w1
```

代码运行结果如下：

```
-0.005877092
```

以相同的方法计算 w2 的新值，代码如下：

```
w2 = 0.1 - 0.1*0.22289914
w2
```

代码运行结果如下：

```
0.07771008600000001
```

从上述运行结果可以看到，小数点后的位数较多。这就是 5.1.1 小节中使用格式化掩码 string.format() 的主要原因。

可以发现，手动计算的结果与日志中的第 5 行内容并不完全相同，这是由于计算机内部浮点数的表示方法所导致的。因此，在比较两个（或两组）浮点数时，**不应使用==运算符**。NumPy 的 isclose() 函数可用于此类判断，代码如下：

```
arr_manual = np.array([w1, w2])
print(np.isclose(arr_manual, classifier.model_w))
```

arr_manual 表示刚刚手动计算得到的 w 的新值，classifier 表示训练好的模型，classifier.model_w 表示该模型的权值向量。

代码运行结果如下：

```
[ True  True]
```

结果表示手动计算得到的参数新值与 LogisticRegression 类实例 fit() 得到的结果相等。

使用相同的方法可以检查 b 的更新值，请读者自行尝试。

日志中的第 6 行即最后一行代码表明，模型仅仅学习了一个 epoch，正确率即达到了

100%。

以下代码可以显式地查看模型预测结果。

```
for idx in range(len(x_train)):
    print('label:', y_train[idx], end=' ')
    print('prediction:', classifier.predict(x_train[idx]))
```

代码运行结果如下：

```
label: 0 prediction: 0
label: 0 prediction: 0
label: 1 prediction: 1
```

5.1 节所涉及的完整代码如下：

```
import numpy as np
nearest_setosa = np.array([[1.9, 0.4],[1.6, 0.6]])
nearest_versicolor = np.array([[3., 1.1]])
x_train = np.concatenate((nearest_setosa, nearest_versicolor), axis=0)
y_train = [0, 0, 1]

def sigmoid(z):
    s = 1 / (1 + np.exp(-z))
    return s

class LogisticRegression:
    def __init__(self, learning_rate=.1, epochs=10, model_w=[.1, .1],
model_b=.0):
        self.learning_rate = learning_rate
        self.epochs = epochs
        self.model_w = model_w
        self.model_b = model_b

    def activation(self, x):
        z = np.dot(x, self.model_w) + self.model_b
        return sigmoid(z)

    def predict(self, x):
        a = self.activation(x)
        if a >= 0.5:
            return 1
        else:
            return 0


    def update_params(self, x, y, verbose):
        a = self.activation(x)
        dz = a - y

        if verbose:
            print('x_train: ', x)
            print('before update, w: {} b: {}'.format(self.model_w, self.
model_b))
            print('gradient of the loss with respect to w: ', dz * x)
            print('gradient of the loss with respect to b: {:.6f}'.format(dz))
```

```
        self.model_w -= self.learning_rate * dz * x
        self.model_b -= self.learning_rate * dz

        if verbose:
            print('after update, w: {} b: {:.5f}'.format(self.model_w, self.
model_b))

    def fit(self, x, y, verbose=False):
        # 样本数目
        m = len(x)
        for epoch in range(self.epochs):
            m_correct = 0
            for i in range(m):
                if(y[i] == self.predict(x[i])):
                    m_correct+=1
                else:
                    self.update_params(x[i], y[i], verbose)
            if(m_correct==m):
                print('model is ready after {} epoch(s)'.format(epoch))
                break

classifier = LogisticRegression(.1, 10, [.1,.1])
classifier.fit(x_train, y_train, True)

w1 = 0.1 - 0.1*1.05877092
w2 = 0.1 - 0.1*0.22289914
arr_manual = np.array([w1, w2])
print(np.isclose(arr_manual, classifier.model_w))

for idx in range(len(x_train)):
    print('label:', y_train[idx], end=' ')
print('prediction:', classifier.predict(x_train[idx]))
```

请读者练习：通过手动计算，验证 LogisticRegression 类实例 fit()得到的偏置量 *b* 的新值。

5.2　使用 TensorFlow 自动求梯度

一部分读者可能对 4.5 节中的数学推导兴趣不高。TensorFlow 及其他现代化的机器学习、深度学习框架提供了自动求梯度的功能。因此，通常情况下仅需选择/定义合适的损失函数即可，无须花费时间进行数学推导。以 LR 模型为例，代码中无须显式地给出 d$z=a-y$，框架会自动计算出损失函数对模型参数 *w*、*b* 的梯度。

5.2.1　极简体验 TensorFlow 自动求梯度

为方便理解，在使用 TensorFlow 求梯度之前不妨先在纸上进行一次简单计算：求函

数 $y=f(x)=x^2$ 在点 $x=3.0$ 处的导数。

我们可以很容易地知道，函数 $f(x)=x^2$ 对 x 的导数为 $2x$。因此 $\dfrac{\mathrm{d}y}{\mathrm{d}x}$ 在点 $x=3.0$ 处的值应为 6.0。下面将使用 TensorFlow 进行该计算。

使用 TensorFlow 之前需要先运行 import 命令，代码如下：

```
import tensorflow as tf
```

从 TensorFlow 2.0 以后（本书的全部代码已经在 TensorFlow 2.5 中测试通过）eager execution 是默认启用的，因此可以直接使用 tf.Variable()定义变量并立即查看，代码如下：

```
x = tf.Variable(3.0)
print(x)
```

代码运行结果如下：

```
<tf.Variable 'Variable:0' shape=() dtype=float32, numpy=3.0>
```

在使用 TensorFlow 自动求梯度时，需要使用 Python 的 with-statement（with-语句），代码如下：

```
with tf.GradientTape() as g:
    y = x**2
```

上面的代码给出了在 tf.GradientTape()的上下文（context）中函数 $y=f(x)=x^2$ 的定义。无须告知 $y=f(x)$ 对 x 的导数为 $2x$，仅需要调用 g.gradient(target, sources)并传参 target 与 sources，本例中 target=y, sources=x，表示 y 对 x 的导数。代码如下：

```
dy_dx = g.gradient(y, x)
dy_dx
```

求导的结果保存在 dy_dx 中，代码运行结果如下：

```
<tf.Tensor: shape=(), dtype=float32, numpy=6.0>
```

可以看到，运行结果与手动计算结果一致。

此时，dy_dx 的类型为 tf.Tensor，有些情况下可能不方便查看与调用，可以调用其 numpy() =方法，代码如下：

```
dy_dx.numpy()
```

运行结果如下：

```
6.0
```

运行结果与 NumPy 相同，TensorFlow 可以对批量数据进行向量化计算，代码如下：

```
import tensorflow as tf
x = tf.Variable([3.0, 5.0])
with tf.GradientTape() as g:
    y = x**2
dy_dx = g.gradient(y, x)
dy_dx.numpy()
```

运行结果如下：

```
array([ 6., 10.], dtype=float32)
```

5.2.2　NumPy 数组的形状与维数

在前面的章节中我们使用 np.dot() 计算了 LR 模型中的线性模型，即 $z=\boldsymbol{w}^T\boldsymbol{x}+b$ 部分。TensorFlow 提供了类似的方法，即 tf.matmul()，但二者在使用上略有区别。

为方便对比查看，我们先使用 np.dot() 计算 $\boldsymbol{w}$=[.1, .1]，$\boldsymbol{x}$=[1.9, 0.4]时的 z 值，代码如下：

```
w = [.1,.1]
x = [1.9, 0.4]
b = 0.0
z_np = np.dot(x, w) + b
print(z_np)
```

需要注意的是，上述代码中 np.dot() 的参数 x、w 的类型均为 list。运行结果如下：

```
0.23
```

若将 Python 列表（w, x）直接封装为 NumPy 数组，则两个数组的维数（rank）都为 1。以下代码用于查看 NumPy 数组中 w 的值及维数：

```
w = np.array(w)
print('w:', w)
print('w.shape: ', w.shape, 'w.ndim: ', w.ndim)
```

其中，w.shape 表示数组 w 的 shape（形状），w.ndim 表示 w 的维数（rank）。代码运行结果如下：

```
w: [0.1 0.1]
w.shape: (2,) w.ndim: 1
```

NumPy 提供了 reshape() 方法用于改变数组（array）的 shape，代码如下：

```
w = w.reshape((2,1))
print('w:', w)
print('w.shape: ', w.shape, 'w.ndim: ', w.ndim)
```

代码运行结果如下：

```
w: [[0.1]
 [0.1]]
w.shape: (2, 1) w.ndim: 2
```

可以看到，两次打印结果明显不同。reshape（调整数组形状）之前数组的维数为 1，reshape 之后数组的维数为 2，即二维 NumPy 数组。

请读者练习：查看 NumPy 数组 x 的维数。

请读者练习：更改 NumPy 数组 x 的形状，使其为二维数组。

5.2.3　使用 TensorFlow 计算矩阵乘积

通过 5.2.2 小节的学习我们知道，np.dot()可直接对符合条件的 Python 列表进行计算（如矩阵乘法）。如果将 Python 列表类型直接作为 tf.matmul()方法的参数则会引起程序异常，因为该方法要求传入的参数维数大于或等于 2。

TensorFlow 提供了类似 NumPy 的 reshape()方法，代码如下：

```
print(type(x))
x = tf.reshape(x, [1,2])
print(type(x))
```

上述代码段中的 x 在调用 tf.reshape()方法之前是一个值为[1.9, 0.4]的 list，作为 tf.reshape(x, [1,2])方法中的参数，参数[1,2]用于设置 tf.reshape()方法返回值的形状，运行结果如下：

```
<class 'list'>
<class 'tensorflow.python.framework.ops.EagerTensor'>
```

可以看到，tf.reshape()方法返回值类型为 EagerTensor，即 Eager 模式下的张量。

此时可以调用 tf.matmul()方法计算 LR 模型中 $z=\boldsymbol{w}^{T}x+b$ 的部分，调用方式与 5.2.2 小节中的示例基本相同，代码如下：

```
z_tf = tf.matmul(x, w) + b
print(z_tf)
print('z_tf.shape: ', z_tf.shape, 'z_tf.ndim: ', z_tf.ndim)
```

需要说明的是，此时的 x 是一个 shape 为(1, 2)的张量，可看作一个 1 行 2 列的矩阵，w 是一个 shape 为(2, 1)的 NumPy 数组，可看作一个 2 行 1 列的矩阵，调用 tf.matmul()方法即是对这两个矩阵进行乘法运算并将结果返回矩阵乘积（matrix product）。运行结果如下：

```
tf.Tensor([[0.23]], shape=(1, 1), dtype=float32)
z_tf.shape: (1, 1) z_tf.ndim: 2
```

虽然 z_tf 中元素的值也是 0.23，但是其含义不同。z_tf 是一个 1 行 1 列的矩阵，其维数为 2。与之相比，5.2.2 小节的 z_np 是一个标量（scalar），其维数为 0，可通过以下代码查看。

```
print(z_np.ndim)
```

代码运行结果如下：

```
0
```

5.2.4　使用 TensorFlow 计算 LR 模型的激活值

在前面的章节中，我们通过自定义函数的方式计算 LR 模型的激活值（activation），TensorFlow 同样提供了 tf.nn.sigmoid()方法用于 LR 模型激活值的计算。

将 z 值 0.23 作为参数，调用 4.3 节定义的对数几率函数，代码如下：

```
def sigmoid(z):
    s = 1 / (1 + np.exp(-z))
    return s

a_manual = sigmoid(.23)
print(a_manual)
print('a_manual.ndim:', a_manual.ndim)
```

其中，a 表示 activation，即 LR 模型的激活值，manual 表示这是我们手动计算的。代码运行结果如下：

```
0.5572478545985555
a_manual.ndim: 0
```

以下代码调用 tf.nn.sigmoid()方法计算 LR 模型激活值。

```
a_tf = tf.nn.sigmoid(.23)
print(a_tf)
print('a_tf.ndim:', a_tf.ndim)
```

需要说明的是，为方便对比，此时的参数是标量（scalar），在完整的模型计算中，通常为张量。运行结果如下：

```
tf.Tensor(0.5572479, shape=(), dtype=float32)
a_tf.ndim: 0
```

虽然 a_manual 与 a_tf 的类型不同，但两者的维数相同，都是 0。

调用 5.1.3 小节介绍的 np.isclose()可以比较两个浮点数，代码如下：

```
np.isclose(a_manual, a_tf)
```

可以想到，在默认的精度条件下二者相等，即值为 True。运行结果如下：

```
True
```

可以尝试将 5.2.3 小节中的 z_tf 作为参数，调用 tf.nn.sigmoid()方法计算 LR 模型激活值 a。代码如下：

```
a_tf_tensor = tf.nn.sigmoid(z_tf)
print(a_tf_tensor)
print('a_tf_tensor.ndim:', a_tf_tensor.ndim)
```

Python 变量 a_tf_tensor，由 3 部分构成。其中，a 表示该变量用于存储模型激活值，tf 表示 a 值由 TensorFlow 而非 Numpy 计算而来，tensor 表示返回值类型为张量（即 tf.Tensor 类型）。该变量的返回值可以看作一个 1 行 1 列、维数为 2 的矩阵。运行结果如下：

```
tf.Tensor([[0.5572479]], shape=(1, 1), dtype=float32)
a_tf_tensor.ndim: 2
```

为方便使用，提高代码可读性，不妨将上述计算封装为函数，代码如下：

```
def activation(x):
    z = tf.matmul(x, w) + 0.0
    return tf.nn.sigmoid(z)
```

由于截距 b 的初始值为 0.0，为方便理解，此处硬编码（hard code）为 0.0，在实际的工程代码中应避免硬编码。定义函数后应及时测试，代码如下：

```
def activation(x):
    z = tf.matmul(x, w) + 0.0
    return tf.nn.sigmoid(z)

x = tf.reshape([1.9, 0.4], [1,2])
w = tf.reshape([.1, .1], shape=[2,1])
a_tf = activation(x)
a_tf
```

代码运行结果如下：

```
<tf.Tensor: shape=(1, 1), dtype=float32, numpy=array([[0.5572479]], dtype
=float32)>
```

5.2.5 使用代码定义 LR 模型的损失函数

尽管 4.4 节给出了 LR 模型损失函数的数学表达，即：

$$\mathcal{L}(w,b) = -[y \log a + (1-y)\log(1-a)]$$

但我们并没直接将其转换为 Python 代码去实现，而是经过 4.5 节中的数学推导后，对其结果进行了代码实现，即 dz = a - y_train[idx]。

根据 5.2.1 小节的内容可知，在使用 TensorFlow 自动求梯度之前，需要先提供代码形式的函数定义。因此，想要使用 TensorFlow 自动求 LR 模型损失函数的梯度，需要先给出其 Python 代码。

需要说明的是，由于要使用 TensorFlow 自动求梯度，在计算对数时需要使用 tf.math.log()方法而非 np.log()方法，代码如下：

```
def loss_ya(y, a):
    # 注意此处使用的是 tf.math.log() 而不是 np.log()
    return -(y*tf.math.log(a) + (1-y)*tf.math.log(1-a))
```

良好的编程习惯之一是在定义一个新函数后立即对其进行测试，代码如下：

```
loss_ya(0, a_manual)
```

其中，a_manual 来自 5.2.4 小节，表示 LR 模型在权值 $w=[0.1, 0.1]^T$，偏差 b=0.0 的情况下，预测特征向量 [1.9, 0.4] 所表示的样本时的激活值（activation），近似值为 0.55725。代码运行结果如下：

```
<tf.Tensor: shape=(), dtype=float64, numpy=0.8147451567037304>
```

需要注意的是，loss_ya()将被 TensorFlow 调用，因而其参数顺序必须为(y_true, y_pred)，为帮助读者识别该参数顺序，函数名为 loss_ya()表示调用时，第 1 个参数为真实值 y，第 2 个参数为激活函数值 a。

5.2.6　使用 TensorFlow 求 LR 模型的损失函数对激活值的梯度

在给出 Python 代码定义的 LR 模型损失函数后，我们便可以使用 TensorFlow 自动求其对 w、b 的梯度。

以 w_1 为例，回顾 4.5 节的内容可知，

$$\frac{\mathrm{d}\mathcal{L}(a, y)}{\mathrm{d}w_1} = \frac{\mathrm{d}\mathcal{L}(a, y)}{\mathrm{d}z} x_1 = (a - y)x_1$$

其中：

$$\frac{\mathrm{d}\mathcal{L}(a, y)}{\mathrm{d}z} = \frac{\mathrm{d}\mathcal{L}(a, y)}{\mathrm{d}a} \cdot \frac{\mathrm{d}a}{\mathrm{d}z}$$

若将损失函数看作 a 的函数，则

$$\frac{\mathrm{d}\mathcal{L}(a, y)}{\mathrm{d}a}$$

上面的公式可以使用 TensorFlow 自动求梯度，实现代码如下：

```
a = tf.Variable(a_tf)
with tf.GradientTape() as g:
    loss = loss_ya(0, a)
dL_da = g.gradient(loss, a)
dL_da.numpy()
```

上述代码与 5.2.1 小节中介绍的 TensorFlow 自动求梯度方法基本一致。

其中，a_tf 来自 5.2.4 小节，表示 LR 模型的激活值（activation）。调用 tf.Variable() 将其封装为 tf.Tensor 类型。第 2 行与第 3 行代码将 5.2.5 小节定义的损失函数置于 tf.GradientTape() 的上下文（context）中。

回顾 5.2.1 小节中有关 g.gradient() 方法的介绍可以知道，g.gradient(loss, a) 表示 loss 对 a 的梯度。

代码运行结果如下：

```
2.2586002
```

以上结果表示 LR 模型在权值 $w=[0.1, 0.1]^{\mathrm{T}}$，偏差 $b=0.0$ 的情况下处理特征向量 [1.9, 0.4] 时，其损失函数对激活值的梯度（导数）。

请读者练习：只使用 Python+Numpy，不使用 scikit-learn、TensorFlow 或其他深度学习和机器学习框架实现函数 dL_wrt_a(y,a)，计算损失函数 L 对激活值 a 的梯度。

5.2.7　手动计算 LR 模型的损失函数对权值的梯度

回顾 4.5 节的内容可知，$\frac{\mathrm{d}a}{\mathrm{d}z} = a(1-a)$，因此，LR 模型损失函数对 w_1 的梯度为：

$$\frac{\mathrm{d}\mathcal{L}(a,y)}{\mathrm{d}w_1} = \frac{\mathrm{d}\mathcal{L}(a,y)}{\mathrm{d}z}x_1 = \frac{\mathrm{d}\mathcal{L}(a,y)}{\mathrm{d}a}\bullet\frac{\mathrm{d}a}{\mathrm{d}z}x_1 = \frac{\mathrm{d}\mathcal{L}(a,y)}{\mathrm{d}a}a(1-a)x_1$$

其中：$\frac{\mathrm{d}\mathcal{L}(a,y)}{\mathrm{d}a}$ 的值由 5.2.6 小节计算得到并存储在变量 dL_da 中；a 即 LR 模型激活值，由 5.2.4 小节计算得到并存储在变量 a_tf 中；x_1 是训练集中第 1 个样本的第 1 个特征，即 1.9。于是，LR 模型损失函数对 w_1 的梯度可由以下代码计算得出。

```
dL_dw1_manual = dL_da*a*(1-a)*1.9
dL_dw1_manual.numpy()
```

其中，dL_dw1 表示该变量存储了 LR 模型损失函数 $\mathrm{d}\mathcal{L}(a,y)$ 对 w_1 的梯度，manual 表示该值由我们手动计算得到。代码运行结果如下：

```
array([[1.058771]], dtype=float32)
```

将该值与 5.1.3 小节中得到的值进行比较发现，在小数点后 6 位的精度下，二者相等。

请读者参照上述代码练习：手动计算 LR 模型损失函数对 w_2 的梯度。

5.2.8　使用 TensorFlow 求 LR 模型的损失函数对参数的梯度

在没有特别指明的情况下，LR 模型损失函数的梯度通常指损失函数对模型参数 w、b 的梯度，其数学表达及推导过程 4.5 节已给出。结合 tf.GradientTape()方法，通过 Python 代码分步计算损失函数对 w_1 的梯度，已在 5.2.4 至 5.2.7 小节中给出。

其中，5.2.4 小节中以 tf.matmul()与 tf.nn.sigmoid()方法实现了 activation()函数，当时为了方便理解，对 b 值进行了硬编码(hard code)，这里为了使用 TensorFlow 自动求梯度，修改其代码如下：

```
def activation(x):
    z = tf.matmul(x, w) + b
    return tf.nn.sigmoid(z)
```

回顾 5.2.3 小节的内容可知，tf.matmul()方法则要求传入的参数维数大于等于 2，即上述代码中 x 和 w 的维数均大于等于 2。为满足语法要求，调用 tf.reshape()方法，代码如下：

```
x = tf.reshape([1.9, 0.4], [1,2])
w = tf.reshape([.1, .1], shape=[2,1])
```

其中，x 处代码中并未显式地给出参数名 shape，这是因为在默认参数顺序下，调用 tf.reshape()方法时传入的第 2 个参数即是 shape。

由于要计算损失函数对参数 w、b 的梯度，所以需要将 w, b 封装为 tf.Variable 类型，代码如下：

```
w = tf.Variable(w)
b = tf.Variable(0.0)
```

我们以 loss_wb 表示损失函数，以 list [w, b]表示参数，损失函数对参数 *w*、*b* 的梯度可由以下代码计算得出。

```
with tf.GradientTape() as g:
    a = activation(x)
    loss_wb = loss_ya(0, a)

gradients = g.gradient(loss_wb, [w, b])
print(gradients)
```

其中，loss_ay()函数来自 5.2.5 小节，将两个函数的定义置于 tf.GradientTape()上下文（context）中可计算其梯度。g.gradient(loss_wb, [w, b])表示 LR 模型损失函数对参数 *w*、*b* 的梯度。运行结果如下：

```
[<tf.Tensor: shape=(2, 1), dtype=float32, numpy=
array([[1.058771  ],
       [0.22289918]], dtype=float32)>, <tf.Tensor: shape=(), dtype=float32,
numpy=0.55724794>]
```

需要说明的是，此时的 gradients 是一个列表，不能直接调用 numpy()方法进行查看。可以通过 for 循环遍历这个列表，代码如下：

```
print(type(gradients))
for g in gradients:
    print(type(g))
    print(g.numpy())
    print('ndim: ', g.ndim)
```

其中，type(gradients)返回 gradients 的类型，即 list。list 中的每个元素的类型都为 EagerTensor，可以调用 numpy()方法。代码运行结果如下：

```
<class 'list'>
<class 'tensorflow.python.framework.ops.EagerTensor'>
[[1.058771  ]
 [0.22289918]]
ndim: 2
<class 'tensorflow.python.framework.ops.EagerTensor'>
0.55724794
ndim:  0
```

需要注意的是，在本例中，损失函数对 w 的梯度的维数是 2，可看作一个 2 行 1 列的矩阵，而损失函数对 *b* 的梯度的维数是 0，看作一个标量（scalar）。

比较上述计算结果与 5.1.3 小节中的输出日志可以看到，在精度为小数点后 6 位的前提下，使用 TensorFlow 自动求得的梯度与我们在第 4 章中实现 LR 学习算法的计算结果相等。

本小节的完整代码如下：

```
import tensorflow as tf

x = tf.reshape([1.9, 0.4], [1,2])
w = tf.reshape([.1, .1], shape=[2,1])
w = tf.Variable(w)
b = tf.Variable(0.0)
```

```
def loss_ya(y, a):
    # 注意此处使用的是 tf.math.log() 而不是 np.log()
    return -(y*tf.math.log(a) + (1-y)*tf.math.log(1-a))

def activation(x):
    z = tf.matmul(x, w) + b
    return tf.nn.sigmoid(z)

with tf.GradientTape() as g:
    a = activation(x)
    loss_wb = loss_ya(0, a)

gradients = g.gradient(loss_wb, [w, b])
print(gradients)

print(type(gradients))
for g in gradients:
    print(type(g))
    print(g.numpy())
    print('ndim: ', g.ndim)
```

上述代码段可独立运行，因此可以重启 Notebook 的 Kernel，然后选择 Kernel | Restart 菜单命令，如图 5-1 和图 5-2 所示。然后在弹出的提示框中单击 Restart 按钮即可，如图 5-3 所示。

图 5-1　单击 Kernel 菜单　　　　　　　图 5-2　菜单命令 Kernel | Restart

图 5-3　单击 Restart 按钮

由于要重新导入 TensorFlow，可能需要等待几秒钟。成功重启 Kernel 后，直接运行上述代码，运行结果是一样的。

5.3　使用自动求梯度实现 LR

在 5.2 节中我们学习了 TensorFlow 自动求梯度的方法,该方法可以明显提升机器学习算法的研发效率。本节将基于 TensorFlow 自动求梯度实现新版本的 LogisticRegression 类。

5.3.1　更新 TensorFlow 变量

为了更方便地使用 TensorFlow 自动求梯度,本小节将演示 TensorFlow 变量的更新方法。代码如下:

```
import tensorflow as tf
v = tf.Variable(1.)
print('v: ', v.numpy())
id_v_before_assign = id(v)
print('id_v_before_assign: ', id_v_before_assign)
v.assign(2.)
print('v: ', v.numpy())
id_v_after_assign = id(v)
print('id_v_after_assign: ', id_v_after_assign)
print(id_v_before_assign == id_v_after_assign)
```

其中,变量 v 指向一个 tf.Variable(TensorFlow 变量),其初始值为 1.0,随后更新为 2.0。

通过 id(v)可以查看指定的 Python 变量 v 的内存标识(identity),id_v_before_assign 和 id_v_after_assign 分别保存更新前和更新后的变量 v。

通过(id_v_before_assign == id_v_after_assign)可以方便地判断更新前后的变量 v 是否指向同一个 Python 对象。代码运行结果如下:

```
v: 1.0
id_v_before_assign: 5627216000
v: 2.0
id_v_after_assign: 5627216000
True
```

可以看到,调用 v.assign()方法前后,Python 变量 v 指向的是同一个 Python 对象。

读者在运行上述代码时,id(v)的返回值可能与上述结果不同,但两次 id(v)的返回值应该是相同的。因而,print(id_v_before_assign == id_v_after_assign)的结果为 True。

与此相对比,以下方式**不是** TensorFlow 推荐的变量更新方式。

```
v = tf.Variable(1.)
print('v: ', v.numpy())
id_v_before_assign = id(v)
print('id_v_before_assign: ', id_v_before_assign)
v = tf.Variable(2.)
```

```
print('v: ', v.numpy())
id_v_after_assign = id(v)
print('id_v_after_assign: ', id_v_after_assign)
print(id_v_before_assign == id_v_after_assign)
```

由代码可以预测，v = tf.Variable(2.)前后，v 可能会指向不同的 Python 对象。代码运行结果如下：

```
v:  1.0
id_v_before_assign:  5627344768
v:  2.0
id_v_after_assign:  5627345608
False
```

读者在运行上述代码时，id(v)的返回值可能与上述结果不同，但两次 id(v)的返回值肯定是不同的。因此，print(id_v_before_assign == id_v_after_assign)的结果为 False。

通常情况下应使用 v.assign()方法更新 tf.Variable 的值。

5.3.2　实现 LogisticRegressionV2 类

将 5.1 节与 5.2 节中的代码集成在一起，可以得到新的实现类，为了与之前的版本相区别，将新版本命名为 LogisticRegressionV2。

与 4.7 节和 5.1 节中实现的 LogisticRegression 类不同，由于要使用 TensorFlow 自动求梯度的特性，LogisticRegressionV2 类中某些方法需要使用不同的实现方式。

首先，在类的构造器方法__init__()中，由于 self.model_w 与 self.model_b 都需要由 TensorFlow 自动求梯度，因此将它们封装为 tf.Variable 类型。为方便理解，self.model_w 的 shape 硬编码为(2,1)，在实际产品中，应避免使用硬编码。代码如下：

```
def __init__(self, learning_rate=.05, n_epoch=10, model_w=[.0, .0],
model_b=.0):
    self.learning_rate = learning_rate
    self.n_epoch = n_epoch
    self.model_w = tf.reshape(model_w, shape=[2,1])
    self.model_w = tf.Variable(self.model_w)
    self.model_b = tf.Variable(model_b)
```

在此之后，activation()方法与 5.2.4 小节和 5.2.8 小节中的结构基本一致，不同的是 activation 方法是类中的方法，参数列表的第 1 个参数应为 self，指代调用该方法的实例对象；参数 model_w 和 model_b 都封装为对象的属性；在类的内部可以通过 self.model_w 和 self.model_b 方式进行访问。代码如下：

```
def activation(self, x):
    # 注意此处使用的是 tf.matmul() 而不是 np.dot()
    z = tf.matmul(x, self.model_w) + self.model_b
    return tf.nn.sigmoid(z)
```

需要注意的是调用 tf.matmul()方法时的传参顺序，详见 5.2.2 小节和 5.2.3 小节，这里不再赘述。

在此之后，从 Python 编码的角度看，LogisticRegressionV2 类的 predict() 方法与 4.7 节和 5.1 节完全相同，不同之处是特征向量 x 的数据类型不同。代码如下：

```python
def predict(self, x):
    a = self.activation(x)
    if a >= 0.5:
        return 1
    else:
        return 0
```

在此之后的代码与 4.7 节和 5.1 节相比，在 LogisticRegressionV2 中增加了 loss_ya() 方法，这是因为使用 TensorFlow 自动求梯度之前，需要以代码的形式给出损失函数的定义。需要注意的是参数的顺序，在函数调用时，样本的真实值标签为第 1 个参数，模型的激活值为第 2 个参数。代码如下：

```python
def loss_ya(self, y, a):
    # 注意此处使用的是 tf.math.log() 而不是 np.log()
    return -(y*tf.math.log(a) + (1-y)*tf.math.log(1-a))
```

在此之后是 update_params() 方法，与 4.7 节和 5.1 节相比有部分改动。这是因为使用 TensorFlow 自动求梯度时，gradients 保存了模型从该样本中学习到的梯度。代码如下：

```python
    def update_params(self, x, y, verbose=False):

        with tf.GradientTape() as g:
            a = self.activation(x)
            loss_wb = self.loss_ya(y, a)
        gradients = g.gradient(loss_wb, [self.model_w, self.model_b])

        if verbose:
            print('before update')
            print('w: {} b: {}'.format(self.model_w.numpy(), self.model_b.
numpy()))

        w = self.model_w - self.learning_rate * gradients[0]
        self.model_w.assign(w)
        b = self.model_b - self.learning_rate * gradients[1]
        self.model_b.assign(b)

        if verbose:
            print('after update')
            print('w: {} b: {}'.format(self.model_w.numpy(), self.model_b.
numpy()))
```

回顾 5.3.1 节内容可知，self.model_w.assign() 和 self.model_b.assign() 是更新 TensorFlow 变量的推荐方式。

以上代码在形式上与梯度下降法的数学表达略有不同，但数据处理逻辑是一致的。

使用数学表达方式，梯度下降法可以表述为：

参数新值=参数当前值-学习率 x 的梯度

以权值向量 w 为例，其更新规则可表述为：

$$w\ 新值=w\ 当前值-学习率\ x\ 的梯度$$

其中，梯度指模型损失函数对 w 的梯度 $\dfrac{\mathrm{d}\mathcal{L}(a,y)}{\mathrm{d}w}=\left[\dfrac{\mathrm{d}\mathcal{L}(a,y)}{\mathrm{d}w_1},\dfrac{\mathrm{d}\mathcal{L}(a,y)}{\mathrm{d}w_2}\right]$

LogisticRegressionV2 类的完整实现代码如下：

```python
class LogisticRegressionV2:
    def __init__(self, learning_rate=.1, epochs=10, model_w=[.1, .1],
model_b=.0):
        self.learning_rate = learning_rate
        self.epochs = epochs
        self.model_w = tf.reshape(model_w, shape=[2,1])
        self.model_w = tf.Variable(self.model_w)
        self.model_b = tf.Variable(model_b)

    def activation(self, x):
        # 注意此处使用的是 tf.matmul() 而不是 np.dot()
        z = tf.matmul(x, self.model_w) + self.model_b
        return tf.nn.sigmoid(z)

    def predict(self, x):
        a = self.activation(x)
        if a >= 0.5:
            return 1
        else:
            return 0

    def loss_ya(self, y, a):
        # 注意此处使用的是 tf.math.log() 而不是 np.log()
        return -(y*tf.math.log(a) + (1-y)*tf.math.log(1-a))

    def update_params(self, x, y, verbose=False):

        with tf.GradientTape() as g:
            a = self.activation(x)
            loss_wb = self.loss_ya(y, a)
        gradients = g.gradient(loss_wb, [self.model_w, self.model_b])

        if verbose:
            print('before update')
            print('w: {} b: {}'.format(self.model_w.numpy(), self.model_b.
numpy()))

        w = self.model_w - self.learning_rate * gradients[0]
        self.model_w.assign(w)
        b = self.model_b - self.learning_rate * gradients[1]
        self.model_b.assign(b)

        if verbose:
            print('after update')
            print('w: {} b: {}'.format(self.model_w.numpy(), self.model_b.
```

```
numpy()))

    def fit(self, x, y, verbose=False):
        # 样本数目
        m = len(x)
        for epoch in range(self.epochs):
            m_correct = 0
            for i in range(m):
                if(y[i] == self.predict(x[i])):
                    m_correct+=1
                else:
                    self.update_params(x[i], y[i], verbose)
            if(m_correct==m):
                print('model is ready after {} epoch(s)'.format(epoch))
                break
```

本节给出的 LogisticRegressionV2 类实现代码通过调用 self.model_w.assign()、self.model_b.assign()来更新模型参数。请读者练习：在不使用 v.assign()方法的情况下更新模型参数。

5.3.3　使用 LogisticRegressionV2 分类精简版 iris

使用 LogisticRegressionV2 类的方式与 4.8 节和 5.1 节基本相同。需要说明的是，在 TensorFlow 中一个样本由一个二维 tensor 表示，因此，一个由 m 个样本构成的训练集需要表示为(m, 单个样本.shape)。

以精简版 iris 为例，一个样本由两个特征来表示，即一个 shape 为(1, 2)的 tensor，可参照 5.2.8 小节中变量 x 的赋值语句。m 个样本构成的数据集应表示为一个 shape 为(m, 1, 2)的张量（tensor），于是有以下代码：

```
x_train = tf.reshape([[1.9, 0.4],[1.6, 0.6],[3., 1.1]], [3, 1, 2])
y_train = np.array([0, 0, 1])
```

其中，x_train 即表示该训练集的特征，此处 m 的值为 3。y_train 表示相应的标签。

实例化类并启动训练的代码与 5.1.3 小节完全相同，具体如下：

```
classifier = LogisticRegressionV2(.1, 10, [.1,.1])
classifier.fit(x_train, y_train, True)
```

根据 5.1.3 小节的介绍可知，虽然 n_epoch 的值设置为 10，但是实际上模型仅仅学习了一个 n_epoch 就可以达到 100%的训练准确率。代码运行结果如下：

```
before update
w: [[0.1]
 [0.1]] b: 0.0
after update
w: [[-0.0058771 ]
 [ 0.07771008]] b: -0.055724795907735825
model is ready after 1 epoch(s)
```

可以看到，使用了 TensorFlow 自动求梯度的模型学习过程与 5.1.3 小节所示的过程一致。

5.3.4　极简体验模型调参

影响模型性能的一部分参数不是由模型自身学习而来，而是由算法相关工作人员设置的，这类模型参数称为超参（hyperparameter），学习率（learning rate）是常用的超参。算法相关工作人员通过调整超参以提升模型性能的操作称为调参。

因而改进模型的常用手段之一是调整学习率，本小节将对 5.3.3 小节中的模型训练代码稍作调整，以演示不同学习率对模型的影响。代码如下：

```
classifier = LogisticRegressionV2(.1)
classifier.fit(x_train, y_train, False)
```

容易想到，与 5.3.3 小节相比，上述代码对模型的训练过程和结果均不影响。这是因为 LogisticRegressionV2 类构造器默认参数值与 5.3.3 小节实例化时使用的参数值完全相同。

与 5.3.3 小节相比，上述代码仅仅是关闭了日志功能，以方便与后续示例相对比。代码运行结果如下：

```
model is ready after 1 epoch(s)
```

以下代码使用不同的学习率实例化 LogisticRegressionV2 类。

```
classifier = LogisticRegressionV2(.01)
classifier.fit(x_train, y_train, False)
```

可以看到，上述代码与上例相比仅参数 learning_rate 不同，其余参数均使用构造器默认的参数值。代码运行结果如下：

```
model is ready after 6 epoch(s)
```

可以发现，与上例相比，模型花费了更长的时间（迭代周期）。

随着学习的深入，我们将体验并掌握更多的超参数。在实际项目中，不同的超参数可能对模型的训练时长和训练结果有较大的影响。

5.4　使用 Sequential 实现 LR

在自动求梯度的基础上，TensorFlow 还提供了更"高层"的应用程序接口（API），如 tf.keras.Sequential，方便用户直接定义神经网络模型构架。

从第 2 章开始，我们逐步了解并掌握了机器学习的基本工作流程，即：

（1）获取数据。

（2）数据探查。

（3）定义模型、损失函数与优化算法。

（4）训练模型。

（5）评估模型。

参照这个流程，可以编写以下代码：

```
import tensorflow as tf
import numpy as np

x_train = np.array([[1.9, 0.4],[1.6, 0.6],[3., 1.1]], np.float32)
y_train = np.array([0, 0, 1], np.float32)

model = tf.keras.Sequential([
  tf.keras.layers.Dense(1, activation=tf.nn.sigmoid)
])

def loss_ya(y, a):
    return -(y*tf.math.log(a) + (1-y)*tf.math.log(1-a))

model.compile(loss=loss_ya,
          optimizer='SGD',
          metrics=['accuracy'])

tf.random.set_seed(9)

model.fit(x_train, y_train, epochs=500)
print(model.predict(x_train))
```

其中，x_train 和 y_train 为构建训练集，对应"获取数据"步骤。

我们已经极为熟悉简化版鸢尾花数据集了，并且训练集中的特征与标签可以直接从上述代码中看到，因而省略了"数据探查"步骤。

然后调用 tf.keras.models.Sequential()方法定义模型，其参数为一个 list，其中的每个元素即表示神经网络中的一层。若定义如图 4-2 所示的单隐层神经网络结构，则 list 中至少包含两个元素，即对应隐层与输出层。若使用高维数据，如图像，则需要将输入层添加为 list 中的首元素。代码如下：

```
model = keras.Sequential(
    [
        layers.Dense(3, activation="relu", name="hidden_layer"),
        layers.Dense(1, name="output_layer"),
    ]
)
```

在 LR 模型中，输入层直接连接输出层并无隐层，并且特征向量结构简单，因此 list 中仅需一个元素，即输出层，代码如下：

```
model = tf.keras.Sequential([
  tf.keras.layers.Dense(1, activation=tf.nn.sigmoid)
])
```

需要说明的是，现代神经网络广泛使用 relu 作为激活函数，但我们目前练习的是 LR 模型，因此激活函数使用的是 5.2.4 小节中介绍的 tf.nn.sigmoid()方法。

通过 model.layers 可以查看模型信息，代码如下：

```
model.layers
```

由于只有一层，其结果为包含一个元素的 list，代码如下：

```
[<tensorflow.python.keras.layers.core.Dense at 0x1124c4940>]
```

接着是在 5.2.5 小节中定义的 loss_ya()损失函数。该函数作为 model.compile()方法的参数，用于训练模型。而 model.compile()方法要求该函数的参数顺序为 fn(y_true, y_pred)，即样本真实值标签在前，模型预测值在后。

通过?model.compile 命令可以查看该方法的文档。该命令以半角英文状态下的问号?开头，用于查看指定方法 Python 对象的帮助信息。

代码运行结果如图 5-4 所示。

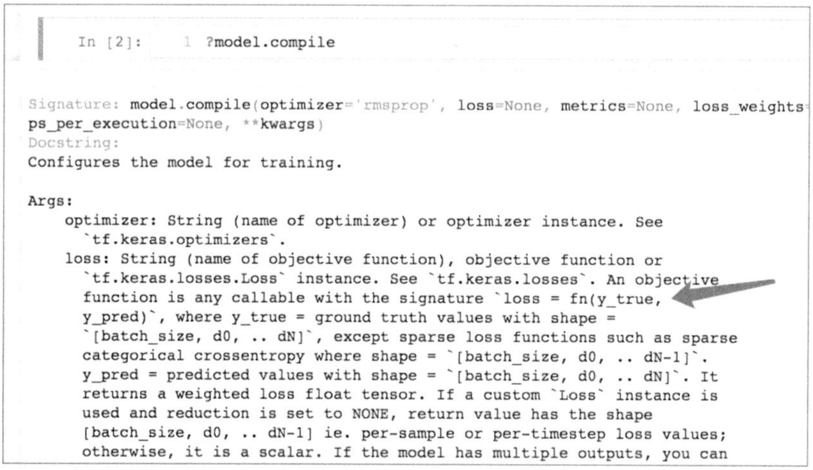

```
In [2]:   1 ?model.compile

Signature: model.compile(optimizer='rmsprop', loss=None, metrics=None, loss_weights
ps_per_execution=None, **kwargs)
Docstring:
Configures the model for training.

Args:
    optimizer: String (name of optimizer) or optimizer instance. See
      `tf.keras.optimizers`.
    loss: String (name of objective function), objective function or
      `tf.keras.losses.Loss` instance. See `tf.keras.losses`. An objective
      function is any callable with the signature `loss = fn(y_true,
      y_pred)`, where y_true = ground truth values with shape =
      `[batch_size, d0, .. dN]`, except sparse loss functions such as sparse
      categorical crossentropy where shape = `[batch_size, d0, .. dN-1]`.
      y_pred = predicted values with shape = `[batch_size, d0, .. dN]`. It
      returns a weighted loss float tensor. If a custom `Loss` instance is
      used and reduction is set to NONE, return value has the shape
      [batch_size, d0, .. dN-1] ie. per-sample or per-timestep loss values;
      otherwise, it is a scalar. If the model has multiple outputs, you can
```

图 5-4　model.compile 的帮助信息

tf.random.set_seed()用于设置随机种子，以确保读者的运行结果与书中一致。请读者练习：注释掉该行代码，观察模型训练过程及结果。

model.fit()传入训练集特征及标签，设置 epochs 为 500。若不传参 verbose，使用其默认值，即每个 epoch 都将日志输出到 console、terminal 或 Notebook cell 上。运行结果如图 5-5 所示。

```
20  model.fit(x_train, y_train, epochs=500)
21  print(model.predict(x_train))
Epoch 1/500
1/1 [==============================] - 0s 322ms/step - loss: 0.6885 - accuracy: 0.3333
Epoch 2/500
1/1 [==============================] - 0s 3ms/step - loss: 0.6871 - accuracy: 0.3333
Epoch 3/500
1/1 [==============================] - 0s 4ms/step - loss: 0.6859 - accuracy: 0.3333
Epoch 4/500
1/1 [==============================] - 0s 3ms/step - loss: 0.6846 - accuracy: 0.3333
Epoch 5/500
1/1 [==============================] - 0s 3ms/step - loss: 0.6834 - accuracy: 0.3333
Epoch 6/500
1/1 [==============================] - 0s 3ms/step - loss: 0.6822 - accuracy: 0.3333
Epoch 7/500
1/1 [==============================] - 0s 3ms/step - loss: 0.6811 - accuracy: 0.3333
Epoch 8/500
1/1 [==============================] - 0s 3ms/step - loss: 0.6800 - accuracy: 0.3333
Epoch 9/500
1/1 [==============================] - 0s 6ms/step - loss: 0.6789 - accuracy: 0.3333
Epoch 10/500
1/1 [==============================] - 0s 3ms/step - loss: 0.6778 - accuracy: 0.3333
```

图 5-5　模型训练前 10 个 epoch

如图 5-6 所示，模型在将近 500 个 epochs 时准确率才达到 100%（训练集）。

若将 epochs 设置为偏小的值，如 300，则模型的训练准确率可能无法达到 100%。

```
20  model.fit(x_train, y_train, epochs=500)
21  print(model.predict(x_train))
Epoch 486/500
1/1 [==============================] - 0s 4ms/step - loss: 0.5793 - accuracy: 0.6667
Epoch 487/500
1/1 [==============================] - 0s 5ms/step - loss: 0.5792 - accuracy: 0.6667
Epoch 488/500
1/1 [==============================] - 0s 7ms/step - loss: 0.5790 - accuracy: 0.6667
Epoch 489/500
1/1 [==============================] - 0s 8ms/step - loss: 0.5789 - accuracy: 0.6667
Epoch 490/500
1/1 [==============================] - 0s 6ms/step - loss: 0.5787 - accuracy: 1.0000
Epoch 491/500
1/1 [==============================] - 0s 10ms/step - loss: 0.5786 - accuracy: 1.0000
Epoch 492/500
1/1 [==============================] - 0s 6ms/step - loss: 0.5785 - accuracy: 1.0000
Epoch 493/500
1/1 [==============================] - 0s 12ms/step - loss: 0.5783 - accuracy: 1.0000
Epoch 494/500
1/1 [==============================] - 0s 7ms/step - loss: 0.5782 - accuracy: 1.0000
Epoch 495/500
```

图 5-6　模型训练训练准确率达到 100%

读者可根据需要设置 verbose 参数。

需要说明的是，若未设置随机种子，或将种子设置为其他值，学习过程可能会不同。

示例中的最后一行代码是调用模型的 predict() 方法输出模型的预测值。回顾 4.2 节的内容可知，该方法的输出为激活函数值（activation）而非最终的样本类别，这与 4.7 节和 5.3 节中实现的 predict() 方法略有不同。

训练完成后的效果如图 5-7 所示。

```
20  model.fit(x_train, y_train, epochs=500)
21  print(model.predict(x_train))
Epoch 493/500
1/1 [==============================] - 0s 12ms/step - loss: 0.5783 - accuracy: 1.0000
Epoch 494/500
1/1 [==============================] - 0s 7ms/step - loss: 0.5782 - accuracy: 1.0000
Epoch 495/500

1/1 [==============================] - 0s 6ms/step - loss: 0.5781 - accuracy: 1.0000
Epoch 496/500
1/1 [==============================] - 0s 5ms/step - loss: 0.5779 - accuracy: 1.0000
Epoch 497/500
1/1 [==============================] - 0s 5ms/step - loss: 0.5778 - accuracy: 1.0000
Epoch 498/500
1/1 [==============================] - 0s 6ms/step - loss: 0.5776 - accuracy: 1.0000
Epoch 499/500
1/1 [==============================] - 0s 5ms/step - loss: 0.5775 - accuracy: 1.0000
Epoch 500/500
1/1 [==============================] - 0s 4ms/step - loss: 0.5774 - accuracy: 1.0000
[[0.37856227]
 [0.43149146]
 [0.5009575 ]]
```

图 5-7 模型训练效果

由模型输出的激活函数值（activation）可知，对反类样本，其概率小于 50%，对正类样本，其概率大于 50%，因此，模型在训练集上的准确率为 100%。

5.5 小结与补充说明

通过 5.2 节和 5.3 节可以看到，即使没有深入了解算法背后的数学原理，只要以代码的形式给出 activation() 与 loss_ya() 的定义，TensorFlow 即可自动求出梯度。

从图 5-5 至图 5-7 中可以看到，TensorFlow 打印了 loss（误差）与 accuracy（准确率）。其中，loss 是由 TensorFlow 调用我们定义的 loss_ya() 函数而计算得到的，也可以调用 TensorFlow 提供的相关 API 而得到。

为突出重点（算法思想），本章的示例代码仅打印了 accuracy，若需要查看 loss，定义、调用相关方法即可。

模型的准确率不总是 100%，即使模型在训练集上的准确率达到了 100%，但在测试集上的准确率也不一定达到 100%。很多情况下，模型的测试准确率会略低于训练准确率。换言之，模型可能无法得到较低的训练误差，也可能训练误差远小于测试误差。前一种情况称为欠拟合（underfitting），后一种情况称为过拟合（overfitting）。

导致出现上述两种拟合问题有多种原因，如模型复杂度、训练样本数目等。若模型复杂度过低，则容易出现欠拟合；若模型复杂度过高，则容易出现过拟合；若训练样本数目过少（如少于模型参量），则容易出现过拟合。

5.1.1 小节的练习请参照 5.1.3 小节的日志。其余的练习参考答案与本章的示例代码，请参考代码包中的 ch05_lr_tf.ipynb 文件。

第 6 章　LR 图像分类

【学习目标】

- 进一步理解并掌握随机梯度下降算法思想；
- 进一步理解并掌握随机数据预处理；
- 进一步理解并掌握随机 NumPy 数组运算；
- 初步理解并掌握软件故障修复流程；
- 初步理解并掌握小批量梯度下降算法思想；
- 初步了解提前终止策略。

前几章我们以分类 iris 为例，详细解释了模型的定义、学习过程，以及激活函数、损失函数和梯度下降等相关内容。

感知机与对数几率回归 LR 均可看作单层神经网络模型。回顾图 4-1 可知，在分类简化版 iris 时，输入层由两个神经元构成，这是因为精简版 iris 和简化版 iris 均使用两个特征来表示一个样本。

若使用 LR 分类其他数据，如 MNIST，则需要调整输入层中神经元的数目，使之与特征数相匹配。

本章将构建一个简化版 MNIST 数据集，并将 4.7 节的代码稍作调整用于分类该数据集，然后扩充 LogisticRegression 类以支持小批量梯度下降。在此过程中，由于代码变动将会产生一些软件故障，通过分析并解决这些故障，读者可以初步理解并掌握软件故障的修复流程。

6.1　简化版 MNIST 数据集

回顾 2.1 节的内容可知，MNIST 数据集含有 10 个类别，而 LR 适用于二分类任务，因此需要从中选取两个类别，使之适用于 LR。

6.1.1　生成索引数组

从一个 NumPy 数组中选取一个或多个元素的操作称为数组切片（slicing），通过构造索引数组可以实现对 NumPy 数组的切片操作。以代码用于演示这个过程。

```
import numpy as np
arr = np.arange(8)+5
print(arr)
idx1 = np.array([0, 3, 6])
print(arr[idx1])
```

其中，第 1 行代码将 numpy 导入为 np。第 2 行代码生成一个 NumPy 数组 arr，其含有 8 个元素，分别是 numpy.int64 类型的 5～12 个元素，对应的索引（index）为 0～7。第 3 行代码用于打印该数组。随后构建了一个索引数组 idx1，其含有 3 个元素。最后以 idx1 作为索引对 arr 进行切片操作。

代码运行结果如下：

```
[ 5  6  7  8  9 10 11 12]
[ 5  8 11]
```

可以看到，切片操作可以从 NumPy 数组中选取指定索引（index）的元素。

通过 np.argwhere() 可以生成满足指定条件的索引数组。代码如下：

```
idx2 = np.argwhere(arr>10)
print(idx2)
print(idx2.ndim)
```

需要说明的是，np.argwhere() 返回的是一个二维数组。与此相对，上例中的 arr 与 idx_1 均为一维数组。通过 NumPy 数组对象的 ndim 属性可以查看其数组维数。

代码运行结果如下：

```
[[6]
 [7]]
2
```

二维数组形式的索引不方便查看、使用，可以通过 NumPy 数组对象的 flatten() 方法将其转换为一维数组。代码如下：

```
idx2_flattened = idx2.flatten()
print(idx2_flattened)
print(idx2_flattened.ndim)
```

idx2_flattened 指向转换后的数组，即一维数组。

代码运行结果如下：

```
[6 7]
1
```

通过上述方法可以从 MNIST 数据集中选取两个类别的样本构成新的数据集，该数据集用于 LR 分类任务。

复用 2.1.1 小节中的部分代码用于导入 MNIST 数据集，代码如下：

```
%matplotlib inline
import matplotlib.pyplot as plt
from tensorflow import keras
import numpy as np
(x_train, y_train), (x_test, y_test) = keras.datasets.mnist.load_data()
```

其中：%matplotlib inline 用于设置 Matplotlib 的 backend（后端）为 inline，整个 Notebook 仅需运行一次；plt 用于可视化数据，在本例中，将数据集中的样本特征以图像方式呈现；keras.datasets.mnist.load_data()方法用于加载数据集；x_train 表示训练集特征，y_train 表示相应的标签，x_test 表示测试集特征，y_test 表示相应的标签。

调用以下代码获取训练集中标签为 0 的索引。

```
idx_digit_0 = np.argwhere(y_train == 0)
print(idx_digit_0.shape)
print('idx_digit_0.ndim:', idx_digit_0.ndim)
print(idx_digit_0[:3])
idx_digit_0 = idx_digit_0.flatten()
print(idx_digit_0.shape)
print('idx_digit_0.ndim:', idx_digit_0.ndim)
print(idx_digit_0[:3])
```

以记号 m 表示样本数目，在调用 idx_digit_0.flatten()之前，idx_digit_0 的形状为(m, 1)，即二维数组，调用 idx_digit_0.flatten()之后，其形状转为(m,)，即一维数组。

代码运行结果如下：

```
(5923, 1)
idx_digit_0.ndim: 2
[[ 1]
 [21]
 [34]]
(5923,)
idx_digit_0.ndim: 1
[ 1 21 34]
```

可以看到，在调用 idx_digit_0.flatten()之前，print(idx_digit_0[:3])的输出占用了 3 行；调用 idx_digit_0.flatten()之后，同样的 print 语句，输出只占用了一行。

此时，idx_digit_0 中保存的是训练集中标签为 0 的样本的索引，总数为 5923，其含义为，通过 keras.datasets.mnist.load_data()加载的训练集中含有 5923 个数字为 0 的图像。

用相同的方法，可以将训练集中数字为 1 的样本索引保存在 idx_digit_1 中。请读者练习：为简化版 iris 训练集生成标签为 1 的样本索引数组。

用相同的方法，可以为测试集生成标签数组。请读者练习：将原 MNIST 测试集中数字 0 和 1 所对应的所有样本索引分别保存在 idx_test_digit_0 和 idx_test_digit_1 中。

6.1.2　NumPy 数组切片（取元素）

通过给定的索引（index）数组，可以对 NumPy 数组进行切片操作，即访问指定 index 的数组元素。例如，以下代码可用于构建简化版鸢尾花训练集。

```
x_train_iris = np.array([[1.9, 0.4],[1.6, 0.6],[3., 1.1]], np.float32)
y_train_iris = np.array([0, 0, 1], np.float32)
print(x_train_iris.shape, y_train_iris.shape)
```

其中，x_train_iris 表示一个 shape 为(3, 2)的 NumPy 数组，可以看作一个 3 行 2 列的矩阵，存储了 3 个样本的特征；y_train_iris 表示一个 shape 为(3,)的 NumPy 数组，其中存储了相应的标签。代码运行结果如下：

```
(3, 2) (3,)
```

x_train_iris 中 3 个元素的索引依次为 0、1、2，因此，通过 x_train_iris[0]可以访问 index 为 0 的元素，即简化版 iris 训练集中第一个样本的特征[1.9, 0.4]。代码如下：

```
print(x_train_iris[0])
```

需要说明的是，由于使用了 print()，所以输出结果中不包含两个元素之间的英文半角逗号","。代码运行结果如下：

```
[1.9 0.4]
```

在 Notebook 中直接运行 x_train_iris[0]，输出结果中则包含两个元素之间的英文半角逗号","。代码运行结果如下：

```
array([1.9, 0.4], dtype=float32)
```

为访问其中的元素，可以构建索引数组 idx_iris，代码如下：

```
idx_iris = np.array([0,2])
print('idx_iris.shape: ', idx_iris.shape)
```

代码运行结果如下：

```
idx_iris.shape:  (2,)
```

idx_iris 与 6.1.1 小节中最终得到的 idx_digit_0 相似，二者都是维数（rank）为 1 的 NumPy 数组，可以通过以下代码进行查看。

```
print('idx_iris.ndim: ', idx_iris.ndim)
print('idx_digit_0.ndim: ', idx_digit_0.ndim)
```

代码运行结果如下：

```
idx_iris.ndim:  1
idx_digit_0.ndim:  1
```

通过 idx_iris 可以对 x_train_iris 和 y_train_iris 进行切片操作，代码如下：

```
print(x_train_iris[idx_iris])
```

```
print(x_train_iris[idx_iris].shape)
```

可以想到，x_train_iris[idx_iris]表示简化版 iris 训练集中的第 1 个与第 3 个样本。代码运行结果如下：

```
[[1.9 0.4]
 [3.  1.1]]
(2, 2)
```

同样的方法可用于对 x_train 和 y_train 进行切片操作，代码如下：

```
x_train_digit_0 = x_train[idx_digit_0]
y_train_digit_0 = y_train[idx_digit_0]
print(x_train_digit_0.shape, y_train_digit_0.shape)
```

x_train 表示来自 keras.datasets.mnist 训练集，digit_0 表示训练集中数字为 0 的所有图像，y 表示相应的标签。代码运行结果如下：

```
(5923, 28, 28) (5923,)
```

可以看到，keras.datasets.mnist 训练集含有 5923 个数字为 0 的图像，将它们经过简单转化，可以得到 5923 个特征向量，每个特征向量含有 28×28=784 个特征。

同样的方法可用于切片训练集中数字为 1 的图像，代码如下：

```
y_train_digit_1 = y_train[idx_digit_1]
x_train_digit_1 = x_train[idx_digit_1]
print(y_train_digit_1.shape, x_train_digit_1.shape)
```

代码运行结果如下：

```
(6742,) (6742, 28, 28)
```

结果表示 keras.datasets.mnist 训练集含有 6742 个数字为 1 的图像。

同样的方法可用于对 x_test 和 y_test 进行切片操作。请读者练习：使用 6.1.1 小节中的标签数组，对原 MNIST 测试集进行切片操作，并将结果分别保存在 x_test_digit_0、y_test_digit_0、x_test_digit_1 和 y_test_digit_1 中。

6.1.3　数据探查

数据探查（data exploration）是机器学习基本工作流程（workflow）之一。以 iris 数据集为例，常用的数据探查方式是将一部分数据以图像的方式呈现。

对 6.1.2 小节通过切片得到的数组进行数据探查，在对其进行检验的同时可以进一步了解 iris 数据集，代码如下：

```
def ds_imshow(im_data, im_label):
    plt.figure(figsize=(10,10))
    for i in range(len(im_data)):
        plt.subplot(5,5,i+1)
        plt.xticks([])
        plt.yticks([])
```

```
        plt.grid(False)
        plt.imshow(im_data[i], cmap=plt.cm.binary)
        plt.xlabel(im_label[i])
    plt.show()
ds_imshow(x_train_digit_0[:15], y_train_digit_0[:15])
```

回顾 2.1.1 小节的内容可知，上述代码直接复用了 2.1.1 小节中定义的 ds_imshow()函数。但是在调用该函数传参时略有不同。2.1.1 小节中调用了 reshape((15, 28, 28))，而本节中的代码则省略了该项操作。这是因为，在 2.1.1 小节的学习中，可能有读者对 iris 数据集并不了解，因此通过显式调用提示读者，iris 中的一个样本由 28×28 个特征来表示。经过 6.1.3 小节与 6.1.4 小节的学习，我们将进一步了解 x_train、x_test、x_train_digit_0 及其他多个数组的 shape 均为(m, 28, 28)，因此可以直接调用 ds_imshow()函数显示图像，无须再调用 reshape()。代码运行结果如图 6-1 所示。

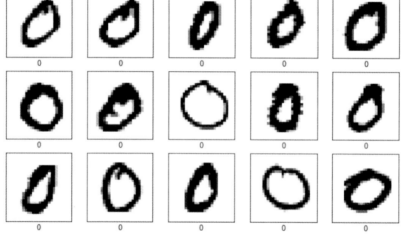

图 6-1　代码运行结果

可以看到，尽管 x_train_digit_0 中存储的都是数字为 0 的图像数据，但每张图中构成 0 的像素点并不相同，因此很难用传统的编程方式，显式地告知程序该如何具体判断图中的数字是否是 0。而机器学习则是通过优化算法使模型可以自己学习数字 0 图像应具备哪些特征，并根据学习到的特征（即参数）预测新输入的图像是否是数字 0。

由于切片得到的数组中存储了同一个数字的图像，因此调用 ds_imshow(im_data, im_label)函数传参 im_label 时可以使用 list 特性，代码如下：

```
ds_imshow(x_train_digit_1[:15], [1]*15)
```

其中：[:15]表示 x_train_digit_1 数组中的前 15 个元素；[1]表示含有 1 个元素的 list；

[1]*15 表示将该 list 中的元素复制，得到由 15 个该元素构成的 list，即 15 个 1，对应这 15 个样本的标签作为 im_label 参数。代码运行结果如图 6-2 所示。

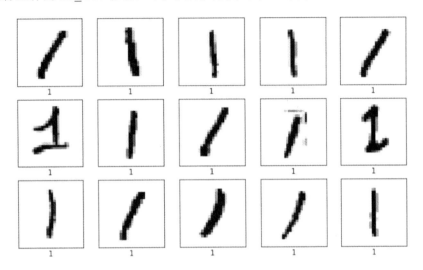

图 6-2 运行结果

可以看到，尽管图 6-2 中呈现的都是数字为 1 的图像，但每张图中构成 1 的像素点并不相同。

同样的方法可用于探查测试集中的图像数据。请读者练习：将 6.1.2 小节中得到的 x_test_digit_0 和 x_test_digit_1 以图像形式呈现。

6.1.4 使用 np.concatenate()合并数组

需要注意的是，目前 x_train_digit_0 与 y_train_digit_1 是两个 NumPy 数组，需要将二者合并为一个数组，以构建训练集。使用 np.concatenate()合并数组的操作如下：

以下代码表示简化版 iris 训练集中 Setosa（山鸢尾）的真实值标签。

```
y_setosa = np.array([0, 0])
print(y_setosa)
print(y_setosa.shape)
```

其中，y_setosa 是一个一维数组，包含两个元素。代码运行结果如下：

```
[0 0]
(2,)
```

同样，以下代码表示简化版 iris 训练集 versicolor（变色鸢尾）的真实值标签。

```
y_versicolor = np.array([1])
print(y_versicolor)
print(y_versicolor.shape)
```

将 y_setosa 与 y_versicolor 合并为一个数组，可以得到简化版 iris 训练集的标签，代码如下：

```
y_train = np.concatenate((y_setosa, y_versicolor), axis=0)
print(y_train)
print(y_train.shape)
```

y_train 是一个一维数组，包含 3 个元素。代码运行结果如下：

```
[0 0 1]
(3,)
```

同样的方法可用于合并 Setosa（山鸢尾）与 versicolor（变色鸢尾）的特征。

以下代码表示简化版 iris 训练集 Setosa（山鸢尾）的特征。

```
x_setosa = np.array([[1.9, 0.4],[1.6, 0.6]])
print(x_setosa)
print(x_setosa.shape)
```

需要注意的是，简化版 iris 中以两个特征来表示一个样本，因此，x_setosa 是一个 shape 为(2, 2)的二维数组，其包含两个元素。代码运行结果如下：

```
[[1.9 0.4]
 [1.6 0.6]]
(2, 2)
```

同样，简化版 iris 训练集 versicolor（变色鸢尾）的特征可用以下代码表示：

```
x_versicolor = np.array([[3., 1.1]])
print(x_versicolor)
print(x_versicolor.shape)
```

需要**特别注意**的是，x_versicolor 处 np.array()中的参数含有两对方括号 "[]"，即[[3., 1.1]]，表示该数组是一个 shape 为(1, 2)的二维数组，包含一个元素，对应一个样本的特征向量，该向量由两个特征构成。x_versicolor 与 x_setosa 的不同之处在于，若 x_setosa 行的参数少写了外层的方括号，则系统会立即报错，如图 6-3 所示。

```
1 x_setosa = np.array([1.9, 0.4],[1.6, 0.6])

---------------------------------------------------------
TypeError                                Traceback (most rec
<ipython-input-30-bef23cde2671> in <module>()
----> 1 x_setosa = np.array([1.9, 0.4],[1.6, 0.6])

TypeError: Field elements must be 2- or 3-tuples, got '1.6'
```

图 6-3 报错信息

这是因为，np.array()语法要求参数为**一个类数组**（array_like）的 Python 对象，而丢失外层方括号的[1.9, 0.4], [1.6, 0.6]表示两个 list，即两个类数组的 Python 对象，因此导致系统抛出异常，并提醒我们语法错误。

但在 x_versicolor 处，即使丢失了外层方括号，仅有内层方括号的[3., 1.1]依然是一个

list，其可以作为一个类数组（array_like）的 Python 对象，因此不会有语法错误提示。这样的错误往往不易察觉，因此需要特别注意。

正确代码的运行结果如下：

```
[[3.  1.1]]
(1, 2)
```

此时，x_setosa 与 x_versicolor 的 shape 都为(m, 2)，表示 m 行 2 列。虽然 x_setosa 的 m 与 x_versicolor 的 m 不同，即行数不同，但是它们的列数相同，因此可以传参 axis=0 调用 np.concatenate()合并两个数组。代码如下：

```
x_train_iris = np.concatenate((x_setosa, x_versicolor), axis=0)
print(x_train_iris)
print(x_train_iris.shape)
```

合并后得到的新数组列数不变，行数为 x_setosa 与 x_versicolor 行数之和，即 3。代码运行结果如下：

```
[[1.9 0.4]
 [1.6 0.6]
 [3.  1.1]]
(3, 2)
```

同样的方法可用于合并 x_train_digit_0 与 x_train_digit_1。请读者练习：使用 np.concatenate()合并 6.1.2 小节中得到的 x_train_digit_0 和 x_train_digit_1，并将结果保存在新数组 x_train_mnist 中。

6.1.5 构建简化版 MNIST 数据集

使用 np.concatenate()合并 y_train_digit_0 与 y_train_digit_1 可以得到简化版 MNIST 训练集的标签，代码如下：

```
y_train_mnist = np.concatenate((y_train_digit_0, y_train_digit_1), axis=0)
print(y_train_mnist.shape)
```

y_train_digit_0 中存储了 5923 个样本标签，idx_digit_1 中存储了 6742 个样本标签，二者之和为 12 665，代码运行结果如下：

```
(12665,)
```

用同样的方法合并 x_train_digit_0 与 x_train_digit_1，代码如下：

```
x_train_mnist = np.concatenate((x_train_digit_0, x_train_digit_1), axis=0)
print(x_train_mnist.shape)
```

x_train_digit_0 与 x_train_digit_1 的 shape 均为(m, 28, 28)，即每个样本都是由 28×28 的特征来表示，因此可以合并。合并后的样本数 m 为二者样本数之和，即 12 665。代码运行结果如下：

```
(12665, 28, 28)
```

同样的方法可用于合并 y_test_digit_0、y_test_digit_1 及 x_test_digit_0、x_test_digit_1。请读者练习：为简化版 MNIST 构建测试集，包含原 MNIST 测试集中数字 0 与数字 1 的所有图像，并将结果保存在新数组 x_test_mnist 中。

为方便讨论，我们将本节演示方法得到的数据集(x_train_mnist, y_train_mnist)称为**简化版 MNIST 数据集**或**简化版 MNIST**。

6.2 LR 分类简化版 MNIST

在机器学习和深度学习任务中，训练模型之前通常要先进行数据探查，有些情况下还需要对数据进行预处理。

6.2.1 数据预处理之归一化

MNIST 数据集中的原始数据在用于训练之前需要做一些预处理。

首先，MNIST 原始数据特征值（即像素点的灰度）的取值范围是 0～255 之间的整数。通过以下代码可以查看。

```
print(np.max(x_train_mnist), np.min(x_train_mnist))
```

np.max()返回给定的类数组（array_like）对象中的最大值，np.min()返回最小值。代码运行结果如下：

```
255 0
```

为了使计算稳定与高效，机器学习中通常在训练前将数值进行归一化（normalization）处理。代码如下：

```
x_train_mnist = x_train_mnist/255.
print(np.max(x_train_mnist), np.min(x_train_mnist))
```

代码 x_train_mnist/255.使用了 NumPy 的向量化计算特性，对 9 929 360（12 665×28×28）个值进行批量处理，而非用 for 循环，从而显著缩短了计算所用的时间。代码运行结果如下：

```
1.0 0.0
```

可以看到，归一化处理后，x_train_mnist 中的最大值为 1.0，最小值为 0.0。需要说明的是，归一化处理不会影响数据中包含的图×像信息。因此，调用 ds_imshow()查看归一化处理后的 x_train_mnist 所呈现的图像，与归一化处理之前的显示效果是相同的，代码如下：

```
ds_imshow(x_train_mnist[:15], y_train_mnist[:15])
```

由于 x_train_mnist 是 x_train_digit_0 与 x_train_digit_1 合并而成，因此，x_train_mnist[:15]所表示的图像与 x_train_digit_0[:15]是相同的。代码运行结果如图 6-4 所示。

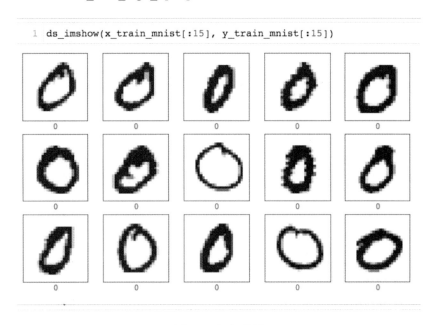

```
1 ds_imshow(x_train_mnist[:15], y_train_mnist[:15])
```

图 6-4　运行结果

同样的方法可以用于测试集。请读者练习：将 x_test_mnist 进行归一化处理。

6.2.2　数据预处理之扁平化

在 MNIST 数据集中，每个样本由 28×28 共 784 个特征来表示，即 $x=[x_1, x_2, \cdots, x_{784}]^T$。同样，LR 模型的输入层也由 784 个神经元构成（亦称 784 个输入单元），对应着权值向量 $w=[w_1, w_2, \cdots, w_{784}]^T$ 与标量 b，如图 6-5 所示。

对照图 4-1 可以发现，尽管输入层的神经元数量增加了，但是基本结构，即 1 个输入层+1 个输出层的模型架构并没有变化。

需要说明的是，与简化版 iris 不同，MNIST 数据集中每个样本特征的 shape 为 (28, 28)，无法直接与权值向量 $w=[w_1, w_2, \cdots,$

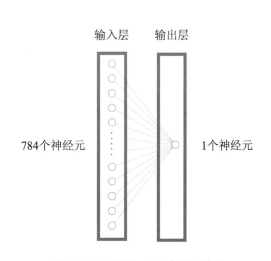

图 6-5　LR 模型，784 个输入单元

$w_{784}]^{\mathrm{T}}$ 进行点积运算。

以下代码与 4.7 节 activation()方法中的 z 值计算代码相同，仅仅是更改了变量名，方便对比查看。

```
print('x_train_iris.shape:', x_train_iris.shape)
w_iris = np.full(2, .1)
print('w_iris.shape:', w_iris.shape)
z_iris = np.dot(x_train_iris, w_iris) + 0.0
print('z_iris.shape:', z_iris.shape)
```

由于 x_train_iris 的 shape 是(m, 2)，其中 $m=3$ 表示样本数量，w_iris 的 shape 是(2,)，因此可以进行点积运算，结果如下：

```
x_train_iris.shape: (3, 2)
w_iris.shape: (2,)
z_iris.shape: (3,)
```

可以直接将 x_train_mnist 与权值向量进行点积运算，代码如下：

```
print('x_train_mnist.shape:', x_train_mnist.shape)
w_mnist = np.full(784, .1)
print('w_iris.shape:', w_mnist.shape)
z_mnist = np.dot(x_train_mnist, w_mnist) + 0.0
print('z_iris.shape:', z_mnist.shape)
```

需要注意：x_train_mnist 的 shape 是(m, 28, 28)，其中 $m=12665$；w_mnist 的 shape 是 (784,)；样本的数量 m 只会影响计算的时间，即样本数量越大，算力需求就越高，但不影响点积运算的语法要求；而 shape 中的(28, 28)部分则会导致程序出现异常，如图 6-6 所示。

```
x_train_mnist.shape: (12665, 28, 28)
w_iris.shape: (784,)

-----------------------------------------------------------------
ValueError                              Traceback (most recent call last)
<ipython-input-53-528a372cd362> in <module>()
      2 w_mnist = np.full(784, .1)
      3 print('w_iris.shape:', w_mnist.shape)
----> 4 z_mnist = np.dot(x_train_mnist, w_mnist) + 0.0
      5 print('z_iris.shape:', z_mnist.shape)

<__array_function__ internals> in dot(*args, **kwargs)

ValueError: shapes (12665,28,28) and (784,) not aligned: 28 (dim 2) != 784 (dim 0)
```

图 6-6　报错信息 1

因此，需要将 x_train_mnist 数组形状调整为(m, 784)。代码如下：

```
print('x_train_mnist.shape:', x_train_mnist.shape)
w_mnist = np.full(784, .1)
x_train_mnist = x_train_mnist.reshape(12665, -1)
print('flattened x_train_mnist.shape:', x_train_mnist.shape)
print('w_iris.shape:', w_mnist.shape)
z_mnist = np.dot(x_train_mnist, w_mnist) + 0.0
print('z_iris.shape:', z_mnist.shape)
```

可以想到，调用 reshape() 后，x_train_mnist 的 shape 为 (m, 784)，其中 *m* 依然为 12 665，保持不变；而 w_mnist 的 shape 是 (784,)。因此可以进行点积运算，结果如下：

```
x_train_mnist.shape: (12665, 28, 28)
flattened x_train_mnist.shape: (12665, 784)
w_iris.shape: (784,)
z_iris.shape: (12665,)
```

将每个样本特征的 shape 由 (28, 28) 转换为 (784,) 的操作称为扁平化。

需要说明的是，转换后的样本特征丢失了像素之间的相对空间关系，因此无法直接进行图像呈现。若此时直接调用 ds_imshow() 函数，代码如下：

```
ds_imshow(x_train_mnist[:15], y_train_mnist[:15])
```

则会导致程序出现异常，如图 6-7 所示。

```
710                     or self._A.ndim == 3 and self._A.shape[-1] in [3, 4]):
711                 raise TypeError("Invalid shape {} for image data"
--> 712                         .format(self._A.shape))
713
714             if self._A.ndim == 3:

TypeError: Invalid shape (784,) for image data
```

图 6-7　报错信息 2

此时，需要显式调用 2.1.1 小节中的 reshape((15, 28, 28))，代码如下：

```
ds_imshow(x_train_mnist[:15].reshape((15,28,28)), y_train_mnist[:15])
```

同样的方法可以用于测试集。请读者练习：将 x_test_mnist 进行扁平化处理。

6.2.3　LR 分类简化版 MNIST

数据预处理完成后，我们对 4.7 节给出的代码稍作调整，实例化 LogisticRegression 类，用于分类简化版 MNIST。代码如下：

```
def sigmoid(z):
    s = 1 / (1 + np.exp(-z))
    return s

class LogisticRegression:
    def __init__(self, learning_rate=.1, epochs=10,
            model_w=np.full(784, .5), model_b=.0):
        self.learning_rate = learning_rate
        self.epochs = epochs
```

```
        self.model_w = model_w
        self.model_b = model_b

def activation(self, x):
    z = np.dot(x, self.model_w) + self.model_b
    return sigmoid(z)

def predict(self, x):
    a = self.activation(x)
    if a >= 0.5:
        return 1
    else:
        return 0

def update_params(self, x, y):
    a = self.activation(x)
    dz = a - y
    self.model_w -= self.learning_rate * dz * x
    self.model_b -= self.learning_rate * dz

def fit(self, x, y):
    # 样本数目
    m = len(x)
    for epoch in range(self.epochs):
        m_correct = 0
        for i in range(m):
            if(y[i] == self.predict(x[i])):
                m_correct+=1
            else:
                self.update_params(x[i], y[i])
        if(m_correct==m):
            print('model is ready after {} epoch(s)'.format(epoch))
            break
```

上述代码与4.7节的代码的区别仅在于，参数model_w的默认值更新为np.full(784, .5)，具体代码如下：

```
model_47 = np.array([.1, .1])
model_62 = np.full(784, .5)
print('model_47.shape: ', model_47.shape)
print('model_62.shape: ', model_62.shape)
print(model_47.ndim, model_62.ndim)
```

model_47 和 model_62 均表示模型权值向量。

为方便对照，model_47 将 Python 列表[.1, .1]封装为 NumPy 数组。

代码运行结果如下：

```
model_47.shape:  (2,)
model_62.shape:  (784,)
1 1
```

可以看到，在 4.7 节的 LogisticRegression 类实现中，w 含有 2 个元素，这是因为精简版 iris 与简化版 iris 均以 2 个特征来表示一个样本；简化版 MNIST 以 784 个特征来表示一个样本，因而本小节的 LogisticRegression 类实现中模型权值向量含有 784 个元素。

需要注意的是，尽管 model_47 和 model_62 数组中的元素数目不同，但二者均为一维数组，即 model_47.ndim 与 model_62.ndim 的返回值均为 1。

随着样本数量与特征数量的增加，我们可以增加有关训练时长的统计，代码如下：

```
import time

w_mnist = np.full(784, .5)
classifier_mnist = LogisticRegression(.1, 1, w_mnist)
start_time = time.time()
classifier_mnist.fit(x_train_mnist, y_train_mnist)
print('model trained {:.5f} s'.format(time.time() - start_time))
```

由于计算环境不同，训练时长的具体值可能会略有变化；示例代码中使用了 string.format()掩码，只显示小数点后 5 位，代码运行结果如下：

```
model trained 0.18248 s
```

使用 4.8 节中介绍的方法可以统计模型在训练集上的准确率，代码如下：

```
y_prediction = np.array(list(map(classifier_mnist.predict, x_train_mnist)))
acc = np.count_nonzero(y_prediction==y_train_mnist)
print('train accuracy {}'.format(acc/len(y_train_mnist)))
```

由于模型只训练了一个 epoch，因此准确率并没有达到 100%，结果如下：

```
train accuracy 0.941729174891433
```

用相同的方法可以统计模型在测试集上的准确率，代码如下：

```
y_prediction = np.array(list(map(classifier_mnist.predict, x_test_mnist)))
acc = np.count_nonzero(y_prediction==y_test_mnist)
print('test accuracy {}'.format(acc/len(y_test_mnist)))
```

代码运行结果如下：

```
test accuracy 0.950354609929078
```

需要说明的是，相较于现代深度神经网络，对数几率模型网络结构极为简单，因而学习能力有限，限于篇幅，一些可以改善和提升性能的方法未能引入，鉴于此，示例代码得到的准确率是一个相对可以接受的结果。

6.2.4　修复 LogisticRegression 类

在软件工程中，重要的实践原则之一是对代码的升级和修复不应影响原本正常工作的场景。以 LogisticRegression 类为例，5.1.3 小节对 4.7 节的实现进行了扩充，但不影响 4.8 节对 LogisticRegression 类的使用。

6.2.3 小节对 LogisticRegression 类的修改将影响原本正常工作的代码，具体如下：

```
import numpy as np
nearest_setosa = np.array([[1.9, 0.4],[1.6, 0.6]])
nearest_versicolor = np.array([[3. , 1.1]])
x_train = np.concatenate((nearest_setosa, nearest_versicolor), axis=0)
y_train = [0, 0, 1]

classifier = LogisticRegression()
classifier.fit(x_train, y_train)
```

上述代码复用了 4.8.1 小节中的代码，即使用默认参数实例化 LogisticRegression 类，以精简版 iris 为训练集调用 classifier 实例的 fit()方法。

可以想到，由于在 6.2.3 小节中将 LogisticRegression 类 w 的默认形状改为了(784,)，表示输入层含有 784 个神经元，而精简版 iris 是以 2 个特征来表示一个样本，因此会导致 x 与 w 的 shape 不匹配，产生程序异常。代码运行的部分结果如下：

```
ValueError
...
ValueError: shapes (784,) and (2,) not aligned: 784 (dim 0) != 2 (dim 0)
```

报错信息与我们的分析相符。因而需要调整 LogisticRegression 类初始化 w 的逻辑。代码如下：

```
def __init__(self, learning_rate=.1, epochs=10, model_w=[], model_b=.0):
    self.learning_rate = learning_rate
    self.epochs = epochs
    self.model_w = model_w
    self.model_b = model_b
```

首先，将 model_w 的默认值设置为空 list，其含义是，若用户实例化 LogisticRegression 类时指定了 w 的初始值，则以给定值初始化模型的权值向量。

其次，为 LogisticRegression 类增加 initialize_params()方法，代码如下：

```
def initialize_params(self, n_features):
    self.n_features = n_features
    if len(self.model_w) == 0:
        self.model_w = np.full(n_features, .1)
```

以上代码的含义是，当 initialize_params()方法被调用时，检查 classifier 实例的 model_w 属性是否已经被初始化。若 model_w 属性的长度为 0，即 len(self.model_w) == 0 为 True，则说明该属性尚未完成初始化，于是将该属性初始化 shape 为(n_features,)的 NumPy 数组。其中，n_features 表示给定的数据集中一个样本的特征数目。

最后，升级 LogisticRegression 类的 fit()方法，代码如下：

```
def fit(self, x, y):
    # 样本数目
    m = len(x)
    n_features = x.shape[-1]
    self.initialize_params(n_features)
    for epoch in range(self.epochs):
        m_correct = 0
```

```
        for i in range(m):
            if(y[i] == self.predict(x[i])):
                m_correct+=1
            else:
                self.update_params(x[i], y[i])
        if(m_correct==m):
            print('model is ready after {} epoch(s)'.format(epoch))
            break
```

上述代码通过 x.shape[-1]得到给定训练集中用于表示样本的特征数目，若给定训练集为精简版 iris 或简化版 iris，则 n_features=2；若给定训练集为简化版 MNIST，则n_features=784。

更新 classifier 实例的 n_features 属性后，调用该实例的 initialize_params()方法完成对模型权值向量的初始化。

6.2.5　测试修复

6.2.4 小节先分析了 6.2.3 小节由于代码调整所引起的程序故障的原因，随即给出了解决方法。这是软件工程领域一般化的工作流程，即发现 bug→分析原因→给出解决方法→测试修复→发布补丁。

以下代码用于测试 6.2.4 小节的修复程序。

```
nearest_setosa = np.array([[1.9, 0.4],[1.6, 0.6]])
nearest_versicolor = np.array([[3. , 1.1]])
x_train = np.concatenate((nearest_setosa, nearest_versicolor), axis=0)
y_train = [0, 0, 1]

classifier = LogisticRegression()
print(classifier.model_w)
print(classifier.model_b)

classifier.fit(x_train, y_train)
print(classifier.model_w)
print(classifier.model_b)
```

上述代码直接复用了 4.8.1 小节的代码。可以想到，在实例化 LogisticRegression 类之后且调用 fit()方法之前，w 的初始值为空 list。原因是，在上述代码中实例化 LogisticRegression 类时并未指定 w 的初始值，而模型需要"见到"训练样本后才能判断 n_features 的值。代码运行结果如下：

```
[]
0.0
model is ready after 1 epoch(s)
[-0.00587709  0.07771009]
-0.055724785459855555
```

可以看到，调用 fit()方法后，实例的学习过程、结果均与 4.8.1 小节一致，即修复成功。

需要注意的是，6.2.4 小节的修复也会影响 6.2.3 小节的代码。本小节仅仅测试了 4.8.1 小节的代码，即新版本 LogisticRegression 类在精简版 iris 数据集上的表现，尚未测试其在简化版 MNIST 上的表现。请读者练习：测试 6.2.4 小节的修复对 6.2.3 小节相关代码的影响。

6.3　小批量梯度下降

随着样本数目的增加，训练模型所需的时间也随之增加，若采用单独学习每个样本的方式更新模型参数，当样本数目较大时，则训练时长可能会超过任务时限。因此在深度学习实践中引入了小批量梯度下降来参数更新。本节将以 LR 为例详细介绍小批量梯度下降方法。

6.3.1　向量化编程

向量化编程（vectorization）亦称向量化计算或矢量计算，是一种广泛用于科学计算、机器学习与深度学习的编程方式。我们对这种方式其实并不陌生。

回顾第 3 章与第 4 章中 $z^{(1)}$ 的计算，$z^{(1)}=z=\boldsymbol{w}^{\mathrm{T}}x+b$。其中，$x$ 表示简化版 iris 的第 1 个样本特征 $\boldsymbol{x}^{(1)}=[1.9,0.4]^{\mathrm{T}}$，$\boldsymbol{w}$ 表示权值向量 $[0.5, 0.5]^{\mathrm{T}}$，$\boldsymbol{w}^{\mathrm{T}}x$ 表示两个向量的矩阵乘积。

回顾 3.3.4 小节的内容可知，$z^{(1)} = \boldsymbol{w}\bullet\boldsymbol{x}^{(1)} + b = w_1 x_1^{(1)} + w_2 x_2^{(1)} + b$ 可以实现为：

```
model_w[0]*x_train[0,0] + model_w[1]*x_train[0,1] + model_b
```

或：

```
np.dot(x_train[0], model_w) + model_b
```

前一种实现方式是分别将两个向量中相同位置的元素进行乘积运算再相加，model_w[0] 表示初始权值向量中的第 1 个元素，即 w_1，值为 0.5；x_train[0,0] 表示简化版 iris 第 1 个样本的第 1 个特征，即 x_1，值为 1.9，二者的乘积为 0.5x1.9；同样，w_2 与第 1 个样本的第 2 个特征 x_2 之间的乘积为 0.5x0.4；最终的和为 1.15，与图 3-18 显示的运行结果一致。

后一种实现方式是使用了 np.dot()，即向量化运算。即使每个向量含有数百、数万甚至更多的元素，只要两个向量的元素数目相等，即可使用该方法完成计算。

当权值向量与样本特征向量的长度增加时，两种计算方法在时长方面的区别逐渐明显，以下代码使用向量化编程的方式计算简化版 iris 的第一个样本的 z 值。

```
x_features = x_train_mnist[0]
w = np.full(784, .5)
start_time = time.time()
z = np.dot(x_features, w)
time_npdot = time.time() - start_time
print('npdot took {:.8f} s'.format(time_npdot))
print('z: {:.5f}'.format(z))
```

代码运行结果如下：

```
npdot took 0.00006795 s
z: 60.97059
```

若不使用向量化编程，可以使用 for 循环完成计算，代码如下：

```
z = 0
start_time = time.time()
for i in range(len(x_train_mnist[0])):
    z = z + x_features[i]*w[i]
time_for_loop = time.time() - start_time
print('for loop took {:.8f} s'.format(time_for_loop))
print('z: {:.5f}'.format(z))
```

其中变量 z 作为累加器，结果如下：

```
for loop took 0.00060701 s
z: 60.97059
```

可以看到，两种方式的计算结果相等，但时长不同。可以通过以下代码进行比较：

```
time_for_loop/time_npdot
```

需要说明的是，不同的计算环境，得到的时长统计结果可能会有所不同，但是两种计算方式的差别通常是比较明显的，结果如下：

```
9.238596491228071
```

6.3.2　构造小批量样本

小批量法（mini-batch）是指将整个训练集随机划分为多个子集，每个子集称为一个 batch，每个 batch 中包含的样本数目称为 batch size 或 mini-batch size。假定训练集包含 100 个样本，随机划分成 5 个 batch，则 batch size=20。根据训练集的样本数量不同，通常 batch size 取值为 10～1000。

以下代码可以查看 x_train_mnist 中的样本个数。

```
len(x_train_mnist)
```

在 6.2.3 小节中使用了 len()计算 train accuracy 和 test accuracy。结果如下：

```
12665
```

12665 这个值正好可以被 5 和 17 整除，因此可以考虑对 batch size 分别取值 5 和 17 进行训练。

当 batch size 取值为 5 时，整个训练集可划分为 12665/5，即 2533 个子集，代码如下：

```
idx = np.arange(len(x_train_mnist))
batch_size = 5
n_batches = int(len(x_train_mnist)/batch_size)
batches = np.split(idx[:batch_size*n_batches], n_batches)
```

其中，np.split()用于将指定的 NumPy 数组划分为 n_batches 个子集。以下代码演示了 np.split()的返回结果。

```
x = np.arange(10)
print(x)
print(np.split(x, 2))
```

其中，np.arange(10) 返回一个 NumPy 数组，包含 0～9 共 10 个整数。n_batches 值为 2，即将 x 划分为 2 个子集，因此每个子集包含 5 个整数，结果如下：

```
[0 1 2 3 4 5 6 7 8 9]
[array([0, 1, 2, 3, 4]), array([5, 6, 7, 8, 9])]
```

需要注意的是，x 必须为 NumPy 数组类型，而非 array-like（类数组）。以下代码将 list 直接传参给 np.split()。

```
x = [0, 1, 2, 3, 4, 5, 6, 7, 8, 9]
print(np.split(x, 2))
```

此时，x 虽然是 array-like 但不是 NumPy 数组类型，因此程序报错，如图 6-8 所示。

```
868          except TypeError:
869              sections = indices_or_sections
--> 870          N = ary.shape[axis]
871          if N % sections:
872              raise ValueError(

AttributeError: 'list' object has no attribute 'shape'
```

图 6-8　运行报错信息

其他非 NumPy 数组类型也会出现类似的异常。因此在创建索引数组时使用的是 idx = np.arange(len(x_train_mnist))，而非 range(len(x_train_mnist))。

6.3.3　计算 LR 损失函数关于线性模型的导数 dz

回顾 4.4 节内容可知，LR 关于整个训练集的损失函数可定义为：

$$J(w,b) = -\frac{1}{m}\sum_{i=1}^{m}\mathcal{L}(a^{(i)}, y^{(i)}) = -\frac{1}{m}\left(\sum_{i=1}^{m} y^{(i)}\log a^{(i)} + (1-y^{(i)})\log(1-a^{(i)})\right)$$

将小批量中的样本个数即 batch size 代入 m，可得 LR 关于该 batch 的损失函数。

回顾 4.6 节的内容可知，将上述数学表达转换为代码实现时，需要先计算损失函数 $\mathcal{L}$ 关于线性模型输出值 z 的梯度 $\frac{\mathrm{d}\mathcal{L}}{\mathrm{d}z}$。

在前面章节的实现中，LR 模型单独学习每个样本，因而 dz 可看作形状为(1,)的数组。以下代码用于体验 LR 模型单独学习每个样本时的 dz。

```
nearest_setosa = np.array([[1.9, 0.4],[1.6, 0.6]])
nearest_versicolor = np.array([[3. , 1.1]])
x_train = np.concatenate((nearest_setosa, nearest_versicolor), axis=0)
y_train = [0, 0, 1]

classifier = LogisticRegression(model_w=[.1, .1])
a = classifier.activation(x_train[0])
dz = a - y_train[0]
print(dz)
print(type(dz))
print(dz.shape)
```

需要注意的是，上述代码实例化后没有调用 fit()方法，而是直接调用了 activation()方法，即单独探查 LR 模型学习过程中计算激活函数值这一步；Python 变量 a 指向该方法的返回值并用于计算 dz，即在 $w=[0.1, 0.1]^T$ 为初始值的情况下，LR 模型由精简 iris 中第 1 个样本$(x^{(1)}, y^{(1)})$学习到的损失函数 $\mathcal{L}$ 关于线性模型输出值 z 的梯度。

代码运行结果如下：

```
0.5572478545985555
<class 'numpy.float64'>
()
```

在实际运行中，Python 变量 dz 的维数为 0。为了方便对比，将其视作形状为(1,)的数组。

同样，当 LR 模型学习一个 batch（batch size＞1）时，dz 的形状为(batch_size,)，Python 变量 batch_size 表示一个 batch 中含有的样本数目。

以下代码用于体验 LR 模型学习一个 batch 时的 dz。

```
classifier = LogisticRegression(model_w=[.1, .1])
a = classifier.activation(x_train)
dz = a - y_train
print(a.shape)
print(x_train.shape)
print(dz.shape)
```

可以想到，x_train 的样本数目 m=3。上述代码将整个数据集作为一个 batch，因而 Python 变量 batch_size=3，相应的 dz 的形状为(batch_size,)，即(3,)。

代码运行结果如下：

```
(3,)
(3, 2)
(3,)
```

因此，LR 模型单独学习每个样本与学习一个 batch（batch size＞1）可以复用同一段代码计算 dz。

```
def update_params(self, x, y):
    a = self.activation(x)
    dz = a - y
```

需要说明的是，在上述代码中，x、y 可能是一个单独的样本，也可能是一个 batch（batch size＞1）。

为方便讨论，我们将 LR 模型单独学习每个样本与学习一个 batch（batch size>1）的这两种情况简写为两种情况。

6.3.4 计算 LR 损失函数关于权值向量的导数 dw

回顾 4.5 节和 4.6 节的内容可知，LR 损失函数 $\mathcal{L}(y,a)$ 关于权值向量 $\boldsymbol{w}$ 的梯度可表示为：

$$\frac{\mathrm{d}\mathcal{L}(y,a)}{\mathrm{d}w} = \frac{\mathrm{d}\mathcal{L}(y,a)}{\mathrm{d}z}\bullet x$$

当 LR 模型单独学习每个样本时，上述数学表达可以用以下代码实现。

```
dw = dz * x
```

回顾 6.3.3 小节的内容可知，此时 dz 可表示为形状为(1,)的 NumPy 数组。

当 LR 模型学习一个 batch（batch size＞1）时，dz 可表示为形状为(batch_size,)的 NumPy 数组。

需要说明的是，在这两种情况下，dw 的形状均应为(n_features,)，其中，n_features 表示数据集中一个样本的特征数目。当 LR 学习精简版 iris 时，n_features=2；当 LR 学习简化版 MNIST 时，n_features=784。

为了使 dw 的形状在两种情况下均为(n_features,)，需要使用以下代码

```
dw = np.dot(x.T, dz)/batch_size
```

其中，x.T 表示矩阵的转置。以精简版 iris 为例，x 的形状为(batch_size, n_features)，m=3 表示一个 batch 包含 3 个样本，n_features=2 表示该数据集用 2 个特征来表示一个样本，因此 x.T 的形状为(n_features, batch_size)，而 dz 的形状为(batch_size,)，于是 np.dot(x.T, dz) 的形状为(n_features,)。除以 batch_size 表示取算数平均值，关于算数平均值的详细讲解请参考 6.3.5 小节。

需要注意的是，在上述示例中，精简版 iris 含有的全部样本数目 m=3。为演示小批量法，6.3.3 小节与本小节将整个数据集视为一个 batch，因而 batch_size 也恰好为 3。很多情况下，batch_size 并不等于 m。回顾 6.3.2 小节的内容可知，在 LR 分类简化版 MNIST 时，batch_size=17 或 5，m=12665。

以下代码用于打印 x 的 shape。

```
x_train = np.array([[1.9, 0.4], [1.6, 0.6], [3. , 1.1]])
print(x_train.shape)
```

此时(m, n_features)的值为(3, 2)。

代码运行结果如下：

```
(3, 2)
```

以下代码用于打印 x.T 的 shape。

```
print(x_train.T.shape)
```

可以想到，此时(n_features, batch_size)的值为(3, 2)。

代码运行结果如下：

```
(2, 3)
```

x.T 的形状为(n_features, batch_size)，dz 的 shape 为(batch_size,)，因而 np.dot(x.T, dz) 的 shape 为(n_features,)，于是在两种情况下，dw 的形状均为(n_features,)。

以下代码用于打印 LR 分类精简版 iris 时 dw 的 shape。

```
x_train = np.array([[1.9, 0.4], [1.6, 0.6], [3. , 1.1]])
y_train = np.array([0, 0, 1])
classifier = LogisticRegression(model_w=[.1, .1])
a = classifier.activation(x_train)
dz = a - y_train
dw = np.dot(x_train.T, dz)/3
print(x_train.shape)
print(dz.shape)
print(dw.shape)
```

可以想到，x_train 的 shape 为(3, 2)，其转置 shape 为(2, 3)，dz 的 shape 为(3,)，于是 dw 的 shape 为(2,)。

代码运行结果如下：

```
(3, 2)
(3,)
(2,)
```

需要说明的是，由于 shape 是 NumPy 数组的属性，而 Python 列表无此属性，为方便后续讨论，上述代码将精简版 iris 的标签 y_train 封装为 NumPy 数组。

如果调换 dz 与 x_train.T 的位置：

```
dw = np.dot(dz, x_train.T)/3
```

则会引起程序异常，如图 6-9 所示。

```
1 dw = np.dot(dz, x_train.T)/3
-----------------------------------------------------------------
ValueError                              Traceback (most recent call last)
<ipython-input-23-6bd81dd24040> in <module>()
----> 1 dw = np.dot(dz, x_train.T)/3

<__array_function__ internals> in dot(*args, **kwargs)

ValueError: shapes (3,) and (2,3) not aligned: 3 (dim 0) != 2 (dim 0)
```

图 6-9　由数组 shape 不匹配引发的程序异常

以下代码用于打印 LR 分类简化版 MNIST 时 dw 的 shape。

```
batch_size = 17
x = x_train_mnist[:batch_size]
y = y_train_mnist[:batch_size]
classifier                                                          =
LogisticRegression(model_w=np.full(x_train_mnist.shape[-1], .1))
a = classifier.activation(x)
dz = a - y
dw = np.dot(x.T, dz)/batch_size
print(x.shape)
print(x.T.shape)
print(y.shape)
print(dz.shape)
print(dw.shape)
```

在上述代码中，x,y 表示一个 batch，batch_size = 17，因而 x 的形状为(17, 784)，其转置 x.T 的形状为(784, 17)，dz 的形状为(17,)，于是 dw 的形状为(784,)。

代码运行结果如下：

```
(17, 784)
(784, 17)
(17,)
(17,)
(784,)
```

根据上述代码升级 update_params()方法，代码如下：

```
def update_params(self, x, y):
    a = self.activation(x)
    dz = a - y
    dw = np.dot(x.T, dz)/self.batch_size
```

回顾 6.3.3 小节的内容可知，上述代码中的 x,y 可能为一个单独样本，也可能为一个 batch（batch size＞1）。两种情况下 dw 的形状均为(n_features,)。n_features 表示一个样本的特征数目。

本小节分析了小批量版本 LR 分类精简版 iris 与简化版 MNIST（batch_size = 17）时，损失函数关于权值向量的梯度 $\frac{\mathrm{d}\mathcal{L}(y,a)}{\mathrm{d}w}$ 形状。请读者练习：若 batch_size = 5，尝试分析 LR 分类简化版 MNIST 时 dw 的形状。

6.3.5　计算 LR 损失函数关于偏置量的导数 db

回顾 4.5 节和 4.6 节的内容可知，LR 损失函数 $\mathcal{L}(y,a)$ 关于偏置量 b 的梯度可表示为：

$$\frac{\mathrm{d}\mathcal{L}(y,a)}{\mathrm{d}b}=\frac{\mathrm{d}\mathcal{L}(y,a)}{\mathrm{d}z}$$

当 LR 模型单独学习每个样本时，上述数学表达可以转换为以下代码实现。

```
db = dz
```

当 LR 模型学习一个 batch（batch size>1）时，上述代码需要调整如下：

```
db = np.sum(dz)/batch_size
```

回顾 6.3.3 小节和 6.3.4 小节的内容可知，当 LR 模型学习一个 batch 时，NumPy 数组的 dz 形状为(batch_size,)，此时 $\dfrac{\mathrm{d}\mathcal{L}(y,a)}{\mathrm{d}z}$ 可以看作一个向量 d$\boldsymbol{z}$=[dz_1, dz_2, $\cdots$, dz_{mb}]$^\mathrm{T}$，其中，mb=batch_size，表示一个 batch 中的样本数目；向量 d$\boldsymbol{z}$ 含有 batch_size 个元素，每个 dz_i 元素为一个标量，其中 i=1, 2, $\cdots$, batch_size。

LR 模型的偏置量 b 是一个标量，当 LR 模型学习一个 batch 时，得到 mb=batch_size 个标量 dz_i。如何基于这 mb 个标量更新一个标量 b，容易想到且可行的方法即是取算数平均值，数学表达如下：

$$db = \frac{1}{m_{\mathrm{batch\_size}}} \sum_{i=1}^{m_{\mathrm{batch\_size}}} \mathrm{d}z^{(i)}$$

其中，$m_{\mathrm{batch\_size}}$ 是一个整体，它是一个标量，表示 LR 正在学习的这个 batch 中含有的样本数目，即 batch_size。

在上述代码中，dz 指向一个 NumPy 数组，计算其算数平均值也可以使用 np.mean(dz)，二者是等效的，而后者在使用上更方便，代码如下：

```
db = np.mean(dz)
```

以下代码用于体验 LR 分类精简版 iris 时 dz 的计算过程。

```
x_train = np.array([[1.9, 0.4], [1.6, 0.6], [3. , 1.1]])
y_train = np.array([0, 0, 1])
batch_size = 3
classifier = LogisticRegression(model_w=[.1, .1])
a = classifier.activation(x_train)
dz = a - y_train
db1 = np.sum(dz)/batch_size
db2 = np.mean(dz)
print(db1)
print(db2)
print(db1 == db2)
```

其中，db1、db2 指向不同方法计算得到的梯度，在类实现代码中仅需一个 db 即可。代码运行结果如下：

```
0.23770498951804667
0.23770498951804667
True
```

可以看到，两种方法得到的梯度是相等的。需要注意的是，通常情况下，**不应使用==** 直接判断两个浮点数（或含有浮点数的 NumPy 数组）是否相等，可以使用 np.isclose()进行判断，详见 5.1.3 小节，这里不再赘述。

以下代码用于体验 LR 分类简化版 MNIST（batch_size = 17）时 dz 的计算过程。

```
batch_size = 17
x = x_train_mnist[:batch_size]
y = y_train_mnist[:batch_size]
classifier = LogisticRegression(model_w=np.full(x_train_mnist.shape[-1], .1))
a = classifier.activation(x)
dz = a - y
db1 = np.sum(dz)/batch_size
db2 = np.mean(dz)
print(x.shape)
print(x.T.shape)
print(y.shape)
print(db1)
print(db2)
print(np.isclose(db1, db2))
```

可以想到，尽管 batch_size = 17，n_features=784，但 db 只是一个标量。代码运行结果如下：

```
(17, 784)
(784, 17)
(17,)
0.9999918206972473
0.9999918206972473
True
```

需要说明的是，随着学习的深入，当构建更复杂的网络模型时，偏置量可能不再是一个标量，但始终需要保持 db 与 b 的形状相同。

根据上述代码升级 update_params()方法，代码如下：

```
def update_params(self, x, y):
    a = self.activation(x)
    dz = a - y
    dw = np.dot(x.T, dz)/self.batch_size
    db = np.mean(dz)
    self.model_w -= self.learning_rate * dw
    self.model_b -= self.learning_rate * db
```

回顾 6.3.3 小节的内容可知，上述代码中的 x,y 可能为一个单独的样本，也可能为一个 batch（batch size＞1）。两种情况下 db 均可由 np.mean(dz)计算得到。

本小节分析了小批量版本 LR 分类精简版 iris 与简化版 MNIST（batch_size = 17）时，损失函数关于偏置量的梯度 $\dfrac{\mathrm{d}\mathcal{L}(y,a)}{\mathrm{d}b}$ 问题。请读者练习：假设 batch_size = 5，尝试分析 LR 分类简化版 MNIST 时的 db。

6.3.6　小批量模型训练

6.3.3 小节至 6.3.5 小节分别分析了 LR 学习一个小批量（batch）时 dz、dw 和 db 的情况，同样，fit()方法也需要为此进行调整。代码如下：

```
def fit(self, x, y, batch_size=1):
    # 样本数目
    m = len(x)
    self.batch_size = batch_size
    self.n_features = x.shape[-1]
    self.initialize_params()
    idx = np.arange(m)
    for epoch in range(self.epochs):
        m_batches = int(len(x)/batch_size)
        batches = np.split(idx[:batch_size*m_batches], m_batches)
        for batch in batches:
            self.update_params(x[batch], y[batch])
```

与 6.3.5 小节的 update_params()方法不同，上述代码中的 Python 变量 x,y 指向训练集，若使用 LR 分类精简版 iris，则训练集的全部样本数目 $m=3$，若使用 LR 分类简化版 MNIST，则训练集的全部样本数目 m=12665。

上述代码中 fit()方法的最后一个参数为 batch_size，默认为 1，即，若该方法的调用者未指定 batch_size，则 LR 单独学习每个样本并更新模型参数。

回顾 6.3.2 小节的内容可知，构造 batch 时的理想情况是 m 可以被 batch_size 整除。

以简化版 MNIST 为例，$m=12665$，因而当 batch_size 取值为 5、17 或其他可以整除 m 的数时，上述代码 np.split() 所在行与以下代码等效。

```
batches = np.split(idx, n_batches)
```

但在实际项目中，往往无法确保 m 恰好被 batch_size 整除，因此使用 int()来确保训练集的全部样本数目 m 不能被 batch_size 整除时返回整数。而 batch_size 与 m_batches 的乘积则确保调用 np.split()时传参数组（切片）长度可以被 batch_size 整除。

外层循环控制模型学习 epochs 个迭代周期，内层循环遍历 batches 中的每个 batch，并基于一个 batch 对 w 与 b 进行更新。

变量 batch 表示小批量样本的索引数组；(x[batch], y[batch])表示当前 LR 用于学习的小批量样本，以此为参数调用 update_params()方法，LR 模型即可以基于 batch 更新模型参数。

需要说明的是，batch_size 应小于或等于 m，为聚焦核心算法思想，上述代码中未包含这个判断，在实际项目和产品代码中应增加相关处理逻辑。

6.3.7　小批量 LR 分类简化版 MNIST

将 6.1 节和 6.2 节、6.3.5 小节和 6.3.6 小节中的代码合并，具体如下：

```python
from tensorflow import keras
import numpy as np
(x_train, y_train), (x_test, y_test) = keras.datasets.mnist.load_data()

# 生成索引
idx_digit_0 = np.argwhere(y_train == 0)
idx_digit_0 = idx_digit_0.flatten()
idx_digit_1 = np.argwhere(y_train == 1)
idx_digit_1 = idx_digit_1.flatten()
idx_test_digit_0 = np.argwhere(y_test == 0).flatten()
idx_test_digit_1 = np.argwhere(y_test == 1).flatten()

# 数组切片
y_train_digit_0 = y_train[idx_digit_0]
x_train_digit_0 = x_train[idx_digit_0]
y_train_digit_1 = y_train[idx_digit_1]
x_train_digit_1 = x_train[idx_digit_1]
y_test_digit_0 = y_test[idx_test_digit_0]
y_test_digit_1 = y_test[idx_test_digit_1]
x_test_digit_0 = x_test[idx_test_digit_0]
x_test_digit_1 = x_test[idx_test_digit_1]

# 合并数组
y_train_mnist = np.concatenate((y_train_digit_0, y_train_digit_1), axis=0)
x_train_mnist = np.concatenate((x_train_digit_0, x_train_digit_1), axis=0)
y_test_mnist = np.concatenate((y_test_digit_0, y_test_digit_1), axis=0)
x_test_mnist = np.concatenate((x_test_digit_0, x_test_digit_1), axis=0)

# 归一化
x_train_mnist = x_train_mnist/255.
x_test_mnist = x_test_mnist/255.

# 扁平化
x_train_mnist = x_train_mnist.reshape(len(x_train_mnist), -1)
x_test_mnist = x_test_mnist.reshape(len(x_test_mnist), -1)

def sigmoid(z):
    s = 1 / (1 + np.exp(-z))
    return s

class LogisticRegression:
    def __init__(self, learning_rate=.1, epochs=10, model_w=[], model_b=.0):
        self.learning_rate = learning_rate
        self.epochs = epochs
        self.model_w = model_w
        self.model_b = model_b
```

```
    def initialize_params(self):
        if len(self.model_w) == 0:
            self.model_w = np.full(self.n_features, .1)

    def activation(self, x):
        z = np.dot(x, self.model_w) + self.model_b
        return sigmoid(z)

    def predict(self, x):
        a = self.activation(x)
        if a >= 0.5:
            return 1
        else:
            return 0

    def update_params(self, x, y):
        a = self.activation(x)
        dz = a - y
        dw = np.dot(x.T, dz)/self.batch_size
        db = np.mean(dz)
        self.model_w -= self.learning_rate * dw
        self.model_b -= self.learning_rate * db

    def fit(self, x, y, batch_size=1):
        # 样本数目
        m = len(x)
        self.batch_size = batch_size
        self.n_features = x.shape[-1]
        self.initialize_params()
        idx = np.arange(m)
        for epoch in range(self.epochs):
            # 使用 int() 确保训练集的样本数量不能被 batch_size 整除时返回整数
            m_batches = int(len(x)/batch_size)
            # idx[:batch_size*n_batches] 确保传参的数组长度可以被 batch_size
              整除
            batches = np.split(idx[:batch_size*m_batches], m_batches)
            for batch in batches:
                self.update_params(x[batch], y[batch])
```

上述代码可以独立运行，因此可以新建 Notebook 在新的 Notebook 中运行。与 6.2.3 小节中的版本不同，本小节将类名定义为 LogisticRegressionM2，表示用于 MNIST 分烦的 LR 模型第 2 版。

以下代码与 6.2.3 小节中实例化部分的代码相同。

```
import time

batch_size = 5
n_features = x_train_mnist.shape[-1]
w_mnist = np.full(n_features, .5)
classifier_mnist = LogisticRegression(.1, 1, w_mnist)
start_time = time.time()
classifier_mnist.fit(x_train_mnist, y_train_mnist, batch_size)
print('model trained {:.5f} s'.format(time.time() - start_time))
```

```
y_prediction = np.array(list(map(classifier_mnist.predict, x_train_mnist)))
acc = np.count_nonzero(y_prediction==y_train_mnist)
print('train accuracy {}'.format(acc/len(y_train_mnist)))

y_prediction = np.array(list(map(classifier_mnist.predict, x_test_mnist)))
acc = np.count_nonzero(y_prediction==y_test_mnist)
print('test accuracy {}'.format(acc/len(y_test_mnist)))
```

运行结果如下：

```
model trained 0.14281 s
train accuracy 0.983497828661666
test accuracy 0.9914893617021276
```

与 6.2.3 小节相比，模型在训练集与测试集上的准确率都有所提升。

本小节演示了 batch_size = 5 时使用 LR 分类简化版 MNIST 的过程，请读者练习：设置 batch_size = 17，使用 LR 分类简化版 MNIST。

6.3.8 查看模型预测失误的样本

可能有读者好奇，究竟有哪些样本模型没有被正确预测呢？通过以下代码可以查看。

```
print(np.squeeze(np.argwhere((y_prediction==y_test_mnist)==False)))
```

在深度学习中，一个列表（list）、数组（array）或张量（tensor）中的元素个数可能较多，因而在查看其元素之前应该先查看其长度，代码如下：

```
np.count_nonzero((y_prediction==y_test_mnist)==False)
```

上面这行代码统计了模型预测值与测试集中的真实值不一致的数量，结果如下：

```
18
```

由结果可知，不一致的数量是 18 个。

当数组中的元素个数较多时，可以对其切片，只查看部分元素，代码如下：

```
misclassified = np.squeeze(np.argwhere((y_prediction==y_test_mnist)==
False))
misclassified[:3]
```

将所有预测失误的样本的索引值存储于 misclassified 中，该数组含有 183 个元素，查看其中的前 3 个元素，结果如下：

```
array([24, 32, 63])
```

通过以下代码查看索引值为 24 的测试样本，即，该误分类的测试样本的真实值。

```
y_test_mnist[24]
```

结果如下：

```
0
```

通过以下代码可以查看模型对该测试样本的预测值。

```
classifier_mnist.predict(x_test_mnist[24])
```

可以想到，模型的预测值为 1，结果如下：

```
1
```

由于误分类样本数目为 18，因而数组切片 x_test_mnist[misclassified]含有 18 个元素，取其前 15 个元素用于绘制图像，代码如下：

```
ds_imshow(x_test_mnist[misclassified][:15].reshape((15,28,28)), y_test_
mnist[misclassified])
```

代码运行结果如图 6-10 所示。

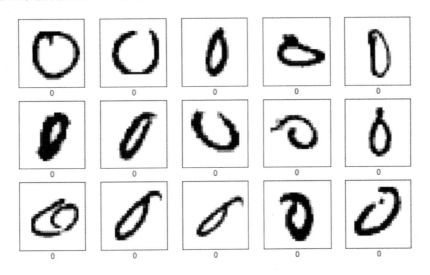

图 6-10　代码运行结果

可以想到，在 6.3.7 小节中，LR 将图 6-10 所示的"0"图像误分类为"1"。

6.4　新问题与修复

回顾 6.2.4 小节的内容可知，软件工程的重要实践原则之一是，对代码的升级、修复不应影响原本正常的工作场景。以 LogisticRegression 类为例，我们在 6.3.7 小节中对 LogisticRegression 类进行了升级，使其可以通过小批量方式更新参数，但该升级工作影响了旧代码的正常工作。

回顾 6.2.5 小节的内容可知，软件工程领域处理 bug 的一般工作流程为：发现 bug→分析原因→给出解决方法→测试修复→发布补丁，因此第一步是要发现问题或复现问题。

6.4.1 发现问题与复现问题

以 6.3.7 小节给出的 LogisticRegression 类的实现代码为基础，实例化该类并分类精简版 iris。代码如下：

```
x_train = np.array([[1.9, 0.4], [1.6, 0.6], [3. , 1.1]])
y_train = np.array([0, 0, 1])
classifier = LogisticRegression()
classifier.fit(x_train, y_train)
print(classifier.model_w)
print(classifier.model_b)
```

回顾 4.8.1 小节、5.1.3 小节、5.3.3 小节和 6.2.5 小节的内容可知，在默认参数即 w=[0.1, 0.1]^T 的情况下，LR 模型分类精简版 iris 仅需要一个 epoch，训练完成后，w 约为[-0.00587709, 0.07771009]^T，b 约为-0.055724785459855555。

上述代码的运行结果如下：

```
[[0.14068963]
 [0.26269319]]
-0.39342155970160625
```

可以看到，结果与前面 LR 学习到的参数明显不同。

发现问题是解决问题的第一步，而精准复现问题（reproduction）则离解决问题更近了一步。在 6.4.2 小节中我们将针对本小节的问题进行具体分析。

6.4.2 原因分析及解决方法

在软件工程领域，复现问题后，工程师需要根据经验对问题进行分析，并给出分析报告（root cause analysis, RCA），内容无须长篇大论，越简洁越好。

回顾 6.3.6 节的内容可知，fit()方法中省略了模型预测是否准确的判断逻辑。因此，即使模型已经达到了 100%的训练准确率，若未达到指定的 epochs 个迭代周期，LR 将继续更新参数。

直接复用 6.2.4 小节中的 if(y[i] == self.predict(x[i]))来判读语句并不适用小批量版本 LR，这是因为，x[i], y[i]表示单独的一个样本，需要相应地调整为小批量，代码如下：

```
if(y[batch] == self.predict(x[batch])):
```

这又引入了新的问题，即 LogisticRegression 类中的 predict()方法是否支持向量化的调用？以下代码用于测试该问题。

```
classifier.predict(x_train)
```

由于我们在 6.4.1 小节中已经完成了该实例的训练，因此上述代码直接调用该实例的预测方法 predict()。代码运行结果如图 6-11 所示。

```
1  classifier.predict(x_train)
```

```
-----------------------------------------------------------------
ValueError                                Traceback (most recent call last)
<ipython-input-65-36d2a163f254> in <module>()
      3  classifier = LogisticRegression()
      4  classifier.fit(x_train, y_train)
----> 5  classifier.predict(x_train)

<ipython-input-63-6188e6706d2c> in predict(self, x)
     20      def predict(self, x):
     21          a = self.activation(x)
---> 22          if a >= 0.5:
     23              return 1
     24          else:

ValueError: The truth value of an array with more than one element is ambiguous. Use a.any
() or a.all()
```

图 6-11　程序异常

程序异常由判断 "if a >= 0.5:" 引起，这是因为，上述代码以 batch(batch_size=3)的方式调用 activation()方法，返回值 a 的形状为(3, 1)。将 NumPy 数组 a 与 0.5 进行比较，所得的数组形状也为(3, 1)。代码如下：

```
print(a.shape)
print(a)
arr = a >= 0.5
print(arr.shape)
print(arr)
```

Python 变量 arr 指向上述比较结果，arr 的形状为(3, 1)。代码运行结果如下：

```
(3, 1)
[[0.4947417 ]
 [0.49732447]
 [0.57874164]]
(3, 1)
[[False]
 [False]
 [ True]]
```

若以 arr 直接作为 if 判断条件，则 Python 无法确认以 3 个结果中的哪一个结果作为依据，因此错误信息为 The truth value ... is ambiguous，即模型不清，无法判断。以下代码用于复现该错误信息。

```
if arr:
    print(1)
```

代码运行结果如图 6-12 所示。

```
▽  1  if arr:
   2      print(1)
```

```
-----------------------------------------------------------------
ValueError                                Traceback (most recent call last)
<ipython-input-82-572551f82cec> in <module>()
----> 1  if arr:
      2      print(1)

ValueError: The truth value of an array with more than one element is ambiguous. Use a.any
() or a.all()
```

图 6-12　复现程序异常

　　上述结果说明前面的分析符合实际情况。因此可以得出结论：当前版本的自定义 LogisticRegression 类中 predict() 方法不支持向量化的调用。我们将会在 6.4.3 小节中给出该问题的解决方法。

　　请读者练习：使用 for 循环调用 predict() 方法，输出模型对精简版 iris 的预测结果。

6.4.3　向量化 predict() 方法

　　为了使 predict() 方法支持向量化调用方式，需要用到 Python 类型转换的一个常用技巧，即将 bool 类型转换为 int 类型。代码如下：

```
print(type(1))
print(type(True))
print(1*True)
print(1*False)
print(type(1*True))
```

　　可以想到，type(1) 返回 int 类型，type(True) 返回 bool 类型。

　　代码运行结果如下：

```
<class 'int'>
<class 'bool'>
1
0
<class 'int'>
```

　　可以看到，通过将 int 类型 1 与 bool 类型变量作乘法运算，可以将 True 和 False 分别转换为 1 和 0。因此 type(1*True) 返回 int 类型。

　　将上述技巧用于 predict() 方法中，代码如下：

```
def predict(self, x):
    a = self.activation(x) >= 0.5
    return 1*a
```

　　使用与 6.4.2 小节相同的代码测试 predict() 方法。

```
x_train = np.array([[1.9, 0.4], [1.6, 0.6], [3. , 1.1]])
y_train = np.array([0, 0, 1])
classifier = LogisticRegression()
classifier.fit(x_train, y_train)
prediction = classifier.predict(x_train)
print(prediction.shape)
print(prediction)
```

　　需要注意的是，上述代码重新创建了一个 LogisticRegression 类的实例。这是因为，6.4.2 小节中创建的实例来自旧版本 LogisticRegression 类，未包含向量化 predict() 方法。

　　代码运行结果如下：

```
(3, 1)
[[0]
```

```
[0]
[1]]
```

需要说明的是，上述返回值的形状为(batch_size, 1)，为方便查看和比较，可以使用 np.squeeze()函数将其压缩为一维的 NumPy 数组。代码如下：

```
prediction = np.squeeze(prediction)
print(prediction.shape)
print(prediction)
```

需要说明的是，形状(batch_size, 1)表示该 NumPy 数组为二维数组，形状(batch_size,)表示该 NumPy 数组为一维数组。

代码运行结果如下：

```
(3,)
[0 0 1]
```

读者在查看 predict()方法测试结果时可能会有疑问：模型训练完成后并没有打印 4.8.1 小节中所示的日志信息 model is ready after ……这是因为本小节仅仅实现了 predict()方法的向量化，但在 fit()方法中尚未调用该方法提前结束模型训练。对于这个问题的修复，将在 6.4.4 小节中介绍。

6.4.4　修复 LogisticRegression 类

我们对 6.2.4 小节中的 fit()方法稍作调整，通过向量化 predict()方法判断是否提前停止模型训练。代码如下：

```
def fit(self, x, y, batch_size=1):
    # 样本数目
    y = np.asarray(y)
    y = np.squeeze(y)
    m = len(x)
    self.batch_size = batch_size
    self.n_features = x.shape[-1]
    self.initialize_params()
    idx = np.arange(m)
    for epoch in range(self.epochs):
        m_correct = 0
        # 使用 int()确保训练集的样本数量不能被 batch_size 整除时返回整数
        m_batches = int(len(x)/batch_size)
        # idx[:batch_size*n_batches] 确保传参的数组长度可以被 batch_size 整除
        batches = np.split(idx[:batch_size*m_batches], m_batches)
        for batch in batches:
            if(np.all(y[batch] == np.squeeze(self.predict(x[batch])))):
                m_correct+=1
            else:
                self.update_params(x[batch], y[batch])
        if(m_correct==m_batches):
```

```
        print('model is ready after {} epoch(s)'.format(epoch))
        break
```

回顾 6.4.3 小节的内容可知，predict()方法返回值的形状为(batch_size, 1)，通过 np.squeeze() 函数将其压缩为(batch_size,)；相应地，fit()方法的调用者传参 y 时，其形状可能为(m, 1)，因此通过 y = np.squeeze(y)将其压缩为(m,)；fit()方法的调用者传参 y 时可能会使用 Python 列表类型，因此调用 np.asarray()确保 y 的类型为 numpy.ndarray。

模型每次学习一个 batch，因此训练准确率达到 100%的条件不再是 m_correct==m，而是 m_correct==m_batches。

需要说明的是，若 batch_size 不能整除 m，即使 m_correct==m_batches，模型的训练准确率也不可能是 100%，该问题将在 6.4.7 小节及后续章节中进一步分析。

复用 6.2.5 小节中的代码，测试修复后的 fit()方法。

```
x_train = np.array([[1.9, 0.4], [1.6, 0.6], [3. , 1.1]])
y_train = np.array([0, 0, 1])
classifier = LogisticRegression()
classifier.fit(x_train, y_train)
print(classifier.model_w)
print(classifier.model_b)
```

上述代码重新创建了一个 LogisticRegression 类的实例，其原因已在 6.4.3 小节中给出，这里不再赘述。

代码运行结果如下：

```
model is ready after 1 epoch(s)
[[-0.00587709]
 [ 0.07771009]]
-0.055724785459855555
```

可以看到，结果与 4.8.1 小节、5.1.3 小节、5.3.3 小节和 6.2.5 小节中的结果均一致，说明修复成功。

在给出 fit()方法的修复后，本小节仅仅测试了其在精简版 iris 数据集上的表现，尚未测试其在简化版 MNIST 上的表现。请读者练习：测试本小节的修复对 6.3.7 小节中的相关代码的影响。

6.4.5　评估模型方法 evaluate()

在使用 LR 分类数据集时，常常需要查看训练完成后的模型的训练准确率和测试准确率。我们不妨为该需求增加一个新方法 evaluate()。代码如下：

```
def evaluate(self, x, y):
    y = np.asarray(y)
    y = np.squeeze(y)
    acc = np.count_nonzero(y == np.squeeze(self.predict(x)))/len(y)
    return acc
```

需要说明的是，x,y 可能是整个数据集，也可能是一个 batch。

单独一个样本(x,y)可看作 batch_size=1 的小批量，因此当未指明 batch_size＞1 时，一个 batch 中包含的样本数目可能等于 1，也可能大于 1。

以下代码用于测试 evaluate()方法。

```
batch_size = 5
n_features = x_train_mnist.shape[-1]
w_mnist = np.full(n_features, .5)
classifier_mnist = LogisticRegression(.1, 1, w_mnist)
classifier_mnist.fit(x_train_mnist, y_train_mnist, batch_size)
print(classifier_mnist.evaluate(x_train_mnist, y_train_mnist))
print(classifier_mnist.evaluate(x_test_mnist, y_test_mnist))
```

上述代码复用了 6.3.7 小节中的测试部分。相关参数如模型参数初始值、batch_size 和 epochs 等均与 6.3.7 小节相同。

代码运行结果如下：

```
0.9883142518752468
0.9938534278959811
```

对比 6.3.7 小节的测试结果可以发现，两次结果明显不同。这是因为 6.3.7 小节使用的 LogisticRegression 类未包含预测准确的判断，即不管模型对某个 batch 预测是否准确，都基于该 batch 更新模型参数；而 6.4.4 小节的新增代码修复了这个判断逻辑。可以看到，修复上述判断后，相同条件下，本小节的测试结果比 6.3.7 小节略有提升。由于实际情况不同，调用者可能需要该逻辑，也可能不需要该逻辑，6.4.6 小节将会解决这个问题。

6.4.6　提前终止控制开关

对于程序的某个处理逻辑，不同的调用者可能需求不同，他可能需要也可能不需要。我们可以通过增加控制开关来满足多种需求。代码如下：

```
def fit(self, x, y, batch_size=1, early_stop=False):
    # 样本数目
    y = np.asarray(y)
    y = np.squeeze(y)
    m = len(x)
    self.batch_size = batch_size
    self.n_features = x.shape[-1]
    self.initialize_params()
    idx = np.arange(m)
    for epoch in range(self.epochs):
        m_correct = 0
        # 使用 int() 确保训练集的样本数量不能被 batch_size 整除时返回整数
        m_batches = int(len(x)/batch_size)
        # idx[:batch_size*n_batches] 确保传参的数组长度可以被 batch_size 整除
        batches = np.split(idx[:batch_size*m_batches], m_batches)
        for batch in batches:
```

```
          if(early_stop and np.all(y[batch] == np.squeeze(self.predict
(x[batch])))):
                 m_correct+=1
          else:
                 self.update_params(x[batch], y[batch])
      if(early_stop and m_correct==m_batches):
          print('model is ready after {} epoch(s)'.format(epoch))
          break
```

上述代码为 fit() 方法增加了控制开关，即参数 early_stop，并将其默认值设为 False。

需要说明的是，尽管参数名为 early_stop，但是却影响两个逻辑。一方面，当该参数设为 True 且 m_correct==m_batches 时，将提前终止模型训练。例如，4.8.1 小节、5.1.3 小节、5.3.3 小节、6.2.5 小节和 6.4.4 小节中的 LR 分类精简版 iris，根据参数 epochs 可知，模型应训练 10 个迭代周期，但是仅仅训练 1 个 epoch 后，训练准确率已经达到 100%，于是提前终止了模型训练。

另一方面，在 LR 学习每个 batch 时，若 early_stop 设为 True，则模型会跳过预测正确的 batch。

以下代码测试上述修复。

```
batch_size = 5
n_features = x_train_mnist.shape[-1]
w_mnist = np.full(n_features, .5)
classifier_mnist = LogisticRegression(.1, 1, w_mnist)
classifier_mnist.fit(x_train_mnist, y_train_mnist, batch_size)
print(classifier_mnist.evaluate(x_train_mnist, y_train_mnist))
print(classifier_mnist.evaluate(x_test_mnist, y_test_mnist))
```

上述代码未指定 early_stop 参数，因此默认是不跳过预测正确的 batch。

代码运行结果如下：

```
0.983497828661666
0.9914893617021276
```

结果与 6.3.7 小节的结果精准一致，修复成功。

以下代码重新创建了一个 LogisticRegression 类实例，并设 early_stop=True。

```
batch_size = 5
n_features = x_train_mnist.shape[-1]
w_mnist = np.full(n_features, .5)
classifier_mnist = LogisticRegression(.1, 1, w_mnist)
classifier_mnist.fit(x_train_mnist, y_train_mnist, batch_size, early_stop
=True)
print(classifier_mnist.evaluate(x_train_mnist, y_train_mnist))
print(classifier_mnist.evaluate(x_test_mnist, y_test_mnist))
```

容易想到，上述代码将跳过预测正确的 batch，因此其结果应与 6.4.5 小节的结果一致。

代码运行结果如下：

```
0.9883142518752468
0.9938534278959811
```

与 6.4.5 小节的结果精准一致，说明我们的分析符合实际情况。

如果想要在当前版本上复现 6.2.3 小节的结果，需要设 early_stop=True，并且 batch_size =1。代码如下：

```
batch_size = 1
n_features = x_train_mnist.shape[-1]
w_mnist = np.full(n_features, .5)
classifier_mnist = LogisticRegression(.1, 1, w_mnist)
classifier_mnist.fit(x_train_mnist, y_train_mnist, batch_size, early_stop
=True)
print(classifier_mnist.evaluate(x_train_mnist, y_train_mnist))
print(classifier_mnist.evaluate(x_test_mnist, y_test_mnist))
```

代码运行结果如下：

```
0.941729174891433
0.950354609929078
```

可以看到，结果与 6.2.3 小节的结果精准一致，说明我们的分析符合实际情况。

比较上述结果与上例运行结果可以看到，二者的区别仅在于 batch_size 不同，说明选择合适的 mini-batch size 通常可以提升模型性能（如准确率）。

6.4.7　提前终止策略方法（选修）

回顾 3.3.6 小节的内容可知，训练模型的一种策略是当模型达到某些预设条件后，即使迭代周期未达到参数 epochs 指定的数目，也可以停止模型的训练，该策略称为早停止或提前终止（early stopping）。

训练准确率可以作为提前终止训练的一个条件，这也是我们在代码中所演示的方法。这个方法简单、直观，可以帮助读者更快捷、高效地理解核心算法。

回顾 6.4.4 小节的内容可知，若 batch_size 不能整除 m，即使 m_correct==m_batches，模型的训练准确率也有可能不是 100%。以简化版 MNIST 为例，训练集样本数目 m=12 665，可以被 5、17 或其他数整除，但无法被 10 整除，若设置 batch_size=10，则 m_batches=1266；于是，模型实际学习了 12 660 个样本，而非 12 665；这种情况下，即使模型预测正确了 m_batches 个小批量，即 m_correct==m_batches，训练准确率也不是 100%。

解决上述问题的方法之一是随机化，这个将在 7.5 节中进一步讨论；另一种方法则是额外增加处理逻辑，将剩余的 5 个样本也用于模型训练，同时 m_batches=m_batches+1。另外还可以考虑的是将提前终止训练的条件变为：训练准确率达到了某个值且继续训练也无法再提升训练准确率。

在实践中，通常以 loss 为度量，当模型连续学习了 iter_epochs 个周期而 loss 没有明显降低时，应提前终止模型训练。其中，iter_epochs 为预设值。

以下为 TensorFlow 2.6.0 有关 EarlyStopping 的默认参数。

```
tf.keras.callbacks.EarlyStopping(
    monitor='val_loss', min_delta=0, patience=0, verbose=0,
    mode='auto', baseline=None, restore_best_weights=False
)
```

6.4.8　重构 LogisticRegression 类

通过前面的学习我们发现，当前版本的 LogisticRegression 类的 fit()方法在处理跳过 batch 的逻辑时使用了与 evaluate()方法相近的方法。我们不妨将该处判断替换为 evaluate() 方法。代码如下：

```
import time

def sigmoid(z):
    s = 1 / (1 + np.exp(-z))
    return s

class LogisticRegression:
    def __init__(self, learning_rate=.1, epochs=10, model_w=[], model_b
=.0):
        self.learning_rate = learning_rate
        self.epochs = epochs
        self.model_w = model_w
        self.model_b = model_b

    def initialize_params(self):
        if len(self.model_w) == 0:
            self.model_w = np.full(self.n_features, .1)

    def activation(self, x):
        z = np.dot(x, self.model_w) + self.model_b
        return sigmoid(z)

    def predict(self, x):
        a = self.activation(x) >= 0.5
        return 1*a

    def evaluate(self, x, y):
        y = np.asarray(y)
        acc = np.count_nonzero(np.squeeze(y) == np.squeeze(self.predict
(x)))/len(y)
        return acc

    def update_params(self, x, y):
        a = self.activation(x)
        dz = a - y
        dw = np.dot(x.T, dz)/self.batch_size
        db = np.mean(dz)
        self.model_w -= self.learning_rate * dw
        self.model_b -= self.learning_rate * db

    def fit(self, x, y, batch_size=1, early_stop=False, verbose=False):
```

```
        y = np.asarray(y)
        # 样本数目
        m = len(x)
        self.batch_size = batch_size
        self.n_features = x.shape[-1]
        self.initialize_params()
        idx = np.arange(m)
        start_time = time.time()
        for epoch in range(self.epochs):
            m_correct = 0
            # 使用 int() 确保训练集的样本数量不能被 batch_size 整除时返回整数
            m_batches = int(len(x)/batch_size)
            # idx[:batch_size*n_batches] 确保传参的数组长度可以被 batch_size
                整除
            batches = np.split(idx[:batch_size*m_batches], m_batches)
            for batch in batches:
                if(early_stop and int(self.evaluate(x[batch], y[batch]))):
                    m_correct+=1
                else:
                    self.update_params(x[batch], y[batch])
            if(early_stop and m_correct==m_batches):
                if(verbose):
                    print('model is ready after {} epoch(s)'.format(epoch))
                break
        if(verbose):
            print('model trained {:.5f} s'.format(time.time() - start_time))
            print('train accuracy:', self.evaluate(x, y))
```

在上述代码中将代码：

```
np.all(y[batch] == np.squeeze(self.predict(x[batch])))
```

替换为了：

```
int(self.evaluate(x[batch], y[batch]))
```

使程序变得更简洁、易读。

读者可能会问，这个判断是否可以区别 1.0 与 0.99 呢？以下代码可以解答该疑问。

```
if(True and int(1.0)): print(1)
if(True and int(0.99)): print(1)
else: print(0)
```

以上示例分别演示了以 1.0 与 0.99 作为条件的两种情况。代码运行结果如下：

```
1
0
```

结果完全不同，因为(True and int(1.0))的运算结果为 1，相当于 True，而(True and int(0.99))的运算结果为 0，相当于 False。

以下代码用于测试新版本 LogisticRegression 类在简化版 MNIST 上的表现。

```
batch_size = 5
n_features = x_train_mnist.shape[-1]
w_mnist = np.full(n_features, .5)
classifier_mnist = LogisticRegression(.1, 1, w_mnist)
```

```
classifier_mnist.fit(x_train_mnist, y_train_mnist, batch_size)
print(classifier_mnist.evaluate(x_train_mnist, y_train_mnist))
print(classifier_mnist.evaluate(x_test_mnist, y_test_mnist))
```

代码运行结果如下：

```
0.983497828661666
0.9914893617021276
```

结果与 6.4.6 小节的结果精准一致，说明本次重构未对旧代码的业务逻辑造成影响。

本小节给出的 fit() 方法增加了 verbose 及相关的日志输出，这是因为该方法的调用者通常需要了解训练完成后模型的性能，具体代码如下：

```
w_mnist = np.full(n_features, .5)
classifier_mnist = LogisticRegression(.1, 1, w_mnist)
classifier_mnist.fit(x_train_mnist, y_train_mnist, batch_size, verbose=
True)
```

上述代码中并没有包含 print 语句，设 fit() 参数 verbose=True，运行结果如下：

```
model trained 0.14732 s
train accuracy: 0.983497828661666
```

结果与上例的部分结果精准一致。

现代机器学习、深度学习框架中提供了丰富的日志功能，本小节以徒手实现的方式简要演示了该功能，帮助读者加深理解该功能。

本小节仅仅测试了新版本的 LogisticRegression 类在简化版 MNIST 上的表现。

请读者练习：测试新版本 LogisticRegression 类在精简版 iris 上的表现。

请读者练习：测试新版本 LogisticRegression 类在简化版 iris 上的表现。

6.5　小结与补充说明

本章先构造了简化版 MNIST 数据集，使之适合于二分类任务（binary classification），然后将第 5 章实现的对数几率回归（LR）模型稍做修改并用于分类简化版 MNIST。

需要说明的是，简化版 MNIST 与简化版 iris 的不同之处在于，简化版 MNIST 中的每个样本特征都是一幅图像，特征数目远大于简化版 iris，因此模型在测试集上的准确率很难达到 100%。在真实的业务场景下，深度学习模型并非总能达到 100% 的准确率。在实际项目中，不管模型的准确率是否能达到 100%，都需要与适合的设计、高质量的研发及管理相结合，这样才能交付出让用户满意的产品。

6.1.1 小节介绍了构建索引数组的方法，为了方便读者理解，将构建"0"和"1"标签索引数组的过程进行了分别实现，我们可以将这个过程合并于一行代码中：

```
idx_digit_train = np.argwhere((y_train == 0) | (y_train == 1)).flatten()
```

从第 3 章以来，我们一直在使用（非随机化的）梯度下降法来更新参数，6.3 节又介绍了（非随机化的）小批量（mini-batch）梯度下降法，但模型学习样本的顺序始终是样本在训练集中的顺序。实践中通常使用随机化的方式访问数据，7.5 节将详细讲解有关随机化的方法与实践。

本章引入了一个新的超参数（hyperparameter），即 mini-batch size。选择合适的 mini-batch size 是算法相关工作人员的日常工作之一。

提前终止（early stopping）是深度学习中常用的正则化方法之一，本章简要讲解了其基本原理。随着学习的深入，我们将会进一步了解该方法。

本章以 LogisticRegression 类为例演示了修复软件故障的流程，熟悉该流程在实践中将会有效地提升工作效率。

6.1.4 小节的练习参考答案请见 6.1.5 小节。6.4.4 小节的练习参考答案请见 6.4.5 小节。本章中的其他练习参考答案与示例代码，请参考代码包中的 ch06_lr_image_classification. ipynb 文件。

第7章　代码重构与计算图简介

【学习目标】

- 进一步理解并掌握神经网络模型的构建与训练流程；
- 进一步理解并掌握激活函数和损失函数的用法；
- 进一步理解并掌握调参的方法；
- 初步理解并掌握前向传播与反向传播的算法设计思路；
- 初步理解并掌握计算图的原理；
- 进一步理解并掌握代码重构的方法。

7.1　构建神经网络的基本流程

感知机、对数几率回归都可以看作单层神经网络。第 3 章至第 6 章我们以感知机、对数几率回归为例逐步深入地介绍了单层神经网络模型的构建与训练流程，总结如下：

（1）定义模型架构及超参数（hyperparameters），如激活函数、损失函数、输入层神经元数目（即特征数）及输出神经元数目（即类别数目）。

（2）初始化模型参数，如 w, b。

（3）循环迭代更新参数，具体包括以下几步：

① 前向传播：计算线性模型输出值 $z=w^\mathrm{T}x+b$（简称其为 z 值）；计算激活函数输出值（activation）$a=f(z)$（简称其为 a 值）；计算损失函数输出值 loss（损失）（其他文献中亦称其为 cost（代价）、error（误差）等）。

② 反向传播：计算梯度，通常是指损失函数对参数 w, b 的梯度。

③ 更新参数，如梯度下降法、小批量随机梯度下降法。

7.1.1　模型架构及超参数

常用的激活函数包含第 3 章介绍的符号函数、第 4 章介绍的对数几率函数，以及后续章节将会介绍的 ReLU 函数及其他激活函数。当输出为多（大于 2）分类时，通常使用

SoftMax 激活函数。

常用的损失函数有：0-1 损失函数、均方误差（Mean Squared Error，MSE）、负对数似然（Negative Log Likelihood）或交叉熵（cross entropy）、KL 散度（Kullback-Leibler divergence）、triplet 及其他损失函数。

输入层的神经元数目取决于样本的特征数目。简化版 iris 中的每个样本以 2 个特征来表示，因此输入层由 2 个神经元构成；原始 iris 中的每个样本以 4 个特征来表示，输入层需要 4 个神经元；MNIST 中的每个样本以 784 个特征来表示，输入层需要 784 个神经元；代码中表示输入层神经元数目的变量名、参数名通常为 n_x 或 n_0。

输出层的神经元数目取决于类别数目。在简化版 iris 任务中，类别数目为 2，即为二分类问题；在原始 iris 数据集中，样本类别数目为 3，则输出层需要 3 个神经元；在原始 MNIST 数据集中，样本类别数目为 10，则输出层需要 10 个神经元；输入层神经元数目在代码中可为表示 n_y 或 n_L，大写的 L 表示网络层数，单层神经网络层数为 1，即 L=1。

使用 LR 对原始 MNIST 进行分类时可表示为图，即输入层由 784 个神经元构成，输出层由 10 个神经元构成，如图 7-1 所示。

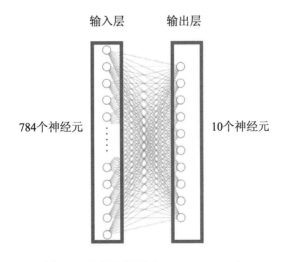

图 7-1 单层神经网（n_x=784, n_y=10）

需要注意的是，尽管输入层和输出层的神经元数目增加了，但其仍然是单层神经网络。

目前为止，我们已经介绍过的超参数包括：学习率（learning rate），通常以小写希腊字母 η 表示，读作 eta，代码中的变量名、参数名通常为 lr、learning_rate、或 eta；小批量梯度下降中每个小批量中的样本数目，即 batch size，代码中的变量名和参数名通常为 batch_size；n_epoch，即模型将整个训练集学习 n_epoch 遍，代码中的变量名和参数名通常为 epochs、n_epoch、epoch。

需要说明的是，目前为止我们只介绍了单层神经网络，因此定义模型架构时暂未涉及网络层数。后续章节会详细讲解网络层数的含义和定义方法并进行实践。

7.1.2 初始化模型参数

若输入层中的每个神经元都分别连接输出层中的每个神经元，则每个连接表示一个权值（此处为标量）。以图 4-1 为例，输入层包含 2 个神经元，输出层含有 1 个神经元，因此模型需要 2 个 w，1 个 b，共 3 个参数。

可以发现，参数数目=(n_x+1)·n_y，即参数数目等于特征数目加 1 后与类别数据的乘积，这是因为，每个类别对应一个线性模型 $z=w^Tx+b$，权值（此处为标量）的数目与特征数目一致，额外加的 1 对应偏置量（bias，亦称截距）b。

以图 7-1 为例，输入层包含 784 个神经元，输出层含有 10 个神经元，因此模型需要 (n_x+1)·n_y = (784+1) x 10 = 7850 个参数。

我们可以想到，对于不同的任务、不同的数据，n_x 和 n_y 的值并非一成不变，因此需要根据具体的问题来设置 n_x 和 n_y 的值，以使模型的参数数目相匹配。

通常情况下，机器学习、深度学习需要处理的数据多种多样，若每次训练时都以人工方式设置 n_x 和 n_y，不仅效率不高，而且容易出错。

此外，在机器学习和深度学习中普遍使用基于梯度的优化方法，如 SGD，而固定的参数初始值容易使模型停滞在局部最小点，因此通常采用随机化的方式初始化模型参数。

7.1.3 前向传播、反向传播与计算图

经过第 3 章至第 6 章的学习，我们已经了解，神经网络模型的学习/训练过程即是更新参数（w, b）的过程，这个过程可以归纳为 3 个步骤，即前向传播、反向传播和更新参数。其中，前向传播计算 z 值、a 值与 $loss$。

因此图 3-1 中的学习算法部分可以扩展为如图 7-2 所示。

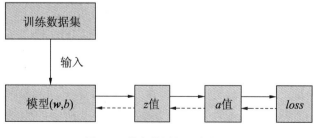

图 7-2 前向传播与反向传播

其中，由模型(w, b)依次（自左向右）指向 z 值、a 值与 $loss$ 的实线箭头表示前向传播

（forward propagation）；相反的方向上（自右向左）由 loss 依次指向 *a* 值、*z* 值、模型(*w*, *b*) 的虚线箭头表示反向传播（back propagation，简称 backprop）

可以想到，前向传播的过程是模型通过计算当前的（*w*, *b*）得到 *z* 值、*a* 值与 *loss* 的过程，返向传播是由 *loss* 依次计算梯度的过程，从而得到 *loss* 对参数 *w*, *b* 的梯度，最终用于更新 *w*, *b*。

上述的数据流向与计算结点可以形式化为一种特殊的数据结构，即计算图（computational graph）。图 7-2 是一个计算图的简要示意图，该计算图定义了一个神经网络模型的前向传播、反向传播与参数更新的过程。TensorFlow 中的 tf.graph 即是类似计算图的一种具体实现。

常用的更新参数的方法有 SGD、mini-batch SGD，除此之外还有其他更新参数的方法。SGD 和 mini-batch SGD 的区别在于多久更新一次参数。通常情况下，mini-batch SGD 每学习 batch_size 个样本就更新一次参数，而 SGD 可看作 batch_size 为 1，即每个样本更新一次参数。

7.2　重构 LogisticRegression 类

我们在 7.1 节中归纳和总结了单层神经网络模型的构建与训练流程，本节我们不妨根据该流程重构 LogisticRegression 类，以提升该类的扩展性。

7.2.1　重新构造简化版 MNIST 数据集

我们在 6.1 节中构建了一个简化版 MNIST 数据集用于 LR 分类任务，以下代码用于查看该训练集中前 9 个样本真实值标签。

```
y_train_mnist[:9]
```

可以想到，由于简化版 MNIST 数据集是由数字 0、1 合并而来，因此前 9 个样本均为数字 0 的图像。

代码运行结果如下：

```
array([0, 0, 0, 0, 0, 0, 0, 0, 0], dtype=uint8)
```

基于 6.4.8 小节中的 LogisticRegression 类，以简化版 MNIST 数据集训练一个 LR 模型，代码如下：

```
classifier_mnist = LogisticRegression()
classifier_mnist.fit(x_train_mnist, y_train_mnist, 1,1,1)
```

上述代码使用了默认实例化参数，即 learning_rate=.1，epochs=10。

代码运行结果如下：

```
model trained 4.35329 s
train accuracy: 0.9957362810896171
```

以上结果表示以 0.1 为初值权值，学习率为 0.1，batch_size=1，学习简化版 MNIST 数据集 10 个 epochs 后，模型的训练准确率约为 0.9957。

简化版 MNIST 数据集的构建过程可优化如下：

```
from tensorflow import keras
import numpy as np
(x_train, y_train), (x_test, y_test) = keras.datasets.mnist.load_data()

# 生成索引数组
idx_digit_train = np.argwhere((y_train == 0) | (y_train == 1)).flatten()
idx_digit_test = np.argwhere((y_test == 0) | (y_test == 1)).flatten()

# 构建训练集
y_train_mnist = y_train[idx_digit_train]
x_train_mnist = x_train[idx_digit_train]

# 构建测试集
y_test_mnist = y_test[idx_digit_test]
x_test_mnist = x_test[idx_digit_test]

# 归一化
x_train_mnist = x_train_mnist/255.
x_test_mnist = x_test_mnist/255.

# 扁平化
x_train_mnist = x_train_mnist.reshape(len(x_train_mnist), -1)
x_test_mnist = x_test_mnist.reshape(len(x_test_mnist), -1)
```

需要说明的是，通过上述代码得到的数据集虽然样本数目与 6.1 节中相同，但样本在数据集中的顺序不同。以下代码用于演示该部分变化。

```
y_train_mnist[:9]
```

容易发现，上述代码与本小节中的第一行代码相同。

代码运行结果如下：

```
array([0, 1, 1, 1, 1, 0, 1, 1, 0], dtype=uint8)
```

相同的代码运行结果不同，是由于数据集的构建方式发生了变化，因此样本在数据集中的顺序也随之发生了变化。

7.2.2　探查简化版 MNIST 数据集

以下代码用于探查 7.2.1 小节中重新构造的简化版 MNIST 数据集。

```
%matplotlib inline
import matplotlib.pyplot as plt
```

```
def ds_imshow(im_data, im_label):
    plt.figure(figsize=(10,10))
    for i in range(len(im_data)):
        plt.subplot(5,5,i+1)
        plt.xticks([])
        plt.yticks([])
        plt.grid(False)
        plt.imshow(im_data[i], cmap=plt.cm.binary)
        plt.xlabel(im_label[i])
    plt.show()

ds_imshow(x_train_mnist[:15].reshape(-1,28,28), y_train_mnist[:15])
```

以上大部分复用了 2.1.1 小节中的相关代码。代码运行结果如图 7-3 所示。

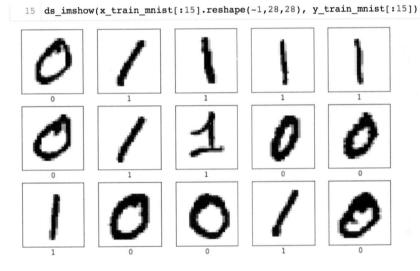

图 7-3　重新构造的简化版 MNIST 数据集

对比图 6-4 可以发现，在重新构造的简化版 MNIST 数据集中，数字 0 和 1 的样本为乱序排列。

7.2.3　LR 分类简化版 MNIST

本小节基于 6.4.8 小节中的 LogisticRegression 类，使用重新构造的简化版 MNIST 训练一个 LR 模型，代码如下：

```
classifier_mnist = LogisticRegression()
classifier_mnist.fit(x_train_mnist, y_train_mnist, 1,1,1)
```

可以发现，上述代码与 7.2.1 小节中的测试代码相同，均使用默认参数创建 Logistic-Regression 类实例。

代码运行结果如下：

```
model is ready after 6 epoch(s)
model trained 2.72979 s
train accuracy: 1.0
```

虽然默认参数为 10 个迭代周期（epochs），但是实际上，模型在第 6 个迭代周期后就完成了训练，并且训练准确率达到了 100%。

对比 7.2.1 小节的测试结果可知，有些情况下样本在数据集中的顺序可能会影响模型训练的结果，就本例而言，基于乱序排列样本的训练结果优于分类排列（如先 0 后 1）的样本，因此在实践中通常使用随机化方式访问样本。7.5 节将进一步讨论随机化。

7.2.4　重构 LogisticRegression 类

本小节将根据 7.1 节归纳和总结的神经网络基本工作流程重构 LogisticRegression 类。为节约篇幅，突出重点，本小节只展示变更部分。代码如下：

```python
def forward_propagation(self, x):
    a = self.activation(x)
    return a

def backward_propagation(self, x, y, a):
    dz = a - y
    dw = np.dot(x.T, dz)/self.batch_size
    db = np.mean(dz)
    return dw, db

def update_params(self, dw, db):
    self.model_w -= self.learning_rate * dw
    self.model_b -= self.learning_rate * db

def fit(self, x, y, batch_size=1, early_stop=False, verbose=False):
    y = np.asarray(y)
    # 样本数目
    m = len(x)
    self.batch_size = batch_size
    self.n_features = x.shape[-1]
    self.initialize_params()
    idx = np.arange(m)
    start_time = time.time()
    for epoch in range(self.epochs):
        m_correct = 0
        # 使用 int() 确保训练集的样本数量不能被 batch_size 整除时返回整数
        m_batches = int(len(x)/batch_size)
        # idx[:batch_size*n_batches] 确保传参的数组长度可以被 batch_size 整除
        batches = np.split(idx[:batch_size*m_batches], m_batches)
        for batch in batches:
            if(early_stop and int(self.evaluate(x[batch], y[batch]))):
                m_correct+=1
            else:
```

```
            a = self.forward_propagation(x[batch])
            dw, db = self.backward_propagation(x[batch], y[batch], a)
            self.update_params(dw, db)
    if(early_stop and m_correct==m_batches):
        if(verbose):
            print('model is ready after {} epoch(s)'.format(epoch))
        break
if(verbose):
    print('model trained {:.5f} s'.format(time.time() - start_time))
    print('train accuracy:', self.evaluate(x, y))
```

在以上代码中增加了两个方法，即 forward_propagation() 与 backward_propagation()，分别对应前向传播与反向传播。需要说明的是，代码实现与理论、概念设计并非总是一一对应的，根据 7.1.3 小节的归纳，前向传播的最终结果是损失函数值 loss，但经过 4.5 节的数学推导，我们得到了更为简洁的方法，因此在上述实现中，forward_propagation()方法返回的是 a 值而非 loss。

原本在 update_params()方法中计算梯度的逻辑移到了 backward_propagation()方法中。fit()方法中原本调用 update_params()方法的部分：

```
else:
    self.update_params(x[batch], y[batch])
```

替换为：

```
else:
    a = self.forward_propagation(x[batch])
    dw, db = self.backward_propagation(x[batch], y[batch], a)
    self.update_params(dw, db)
```

每一行对应 7.1 节中的 3 个步骤，即前向传播→反向传播→更新参数。

可以发现，其中，前向传播步骤对应的 forward_propagation()方法仅仅是对 activation()方法的套壳式封装，并没有任何逻辑改动。添加该方法是为了帮助读者进一步理解和掌握神经网络模型中前向传播与反向传播的算法设计思路。

7.2.5　测试重构版 LogisticRegression 类

以下代码用于测试 7.2.4 小节给出的 LogisticRegression 类在精简版 iris 数据集上的表现。

```
# 构建训练集
x_train = np.array([[1.9, 0.4], [1.6, 0.6], [3. , 1.1]])
y_train = [0, 0, 1]

# 定义模型并训练
classifier = LogisticRegression()
classifier.fit(x_train, y_train, 1,1,1)
```

代码运行结果如下：

```
model is ready after 1 epoch(s)
model trained 0.00240 s
train accuracy: 1.0
```

还可以通过查看学习到的参数，进一步检验重构的效果。

```
print(classifier.model_w)
print(classifier.model_b)
```

代码运行结果如下：

```
[-0.00587709  0.07771009]
-0.055724785459855555
```

可以发现，结果与 4.8.1 小节、5.1.3 小节、5.3.3 小节、6.2.5 小节和 6.4.4 小节中的结果一致。

以下代码用于测试新版本 LogisticRegression 类在简化版 iris 训练集上的表现。

```
from sklearn.model_selection import train_test_split
from sklearn.datasets import load_iris

iris = load_iris()
x_iris_petal = iris.data[:100, 2:]
y_iris_petal = iris.target[:100]
x_train, x_test, y_train, y_test = train_test_split(
    x_iris_petal, y_iris_petal, test_size=0.33, random_state=0)

classifier = LogisticRegression()
classifier.fit(x_train, y_train, 1,1,1)
```

代码运行结果如下：

```
model is ready after 1 epoch(s)
model trained 0.00438 s
train accuracy: 1.0
```

结果表示测试通过。

以下代码用于测试该实例在简化版 iris 测试上的表现。

```
classifier.evaluate(x_test, y_test)
```

代码运行结果如下：

```
1.0
```

结果表示测试通过。

本小节仅仅测试了新版本 LogisticRegression 类在 iris 上的表现。请读者练习：使用简化版 MNIST 数据集测试在 6.2.4 小节中重构的 LogisticRegression 类。

7.3　使用 TensorFlow 定义并训练模型

我们在 7.2 节基于 Python 和 NumPy 对 LogisticRegression 类进行了重构，提高其易用

性、扩展性的同时，也可以让读者更好地理解 7.1 节中归纳和总结的神经网络基本流程。
同样，TensorFlow 也提供了这样的能力。代码如下：

```
import tensorflow as tf

# 构建训练集
mnist = tf.keras.datasets.mnist
(x_train, y_train), (x_test, y_test) = mnist.load_data()
# 归一化
x_train, x_test = x_train / 255.0, x_test / 255.0
# 扁平化
x_train = x_train.reshape(len(x_train), -1)

# 定义模型并训练
model = tf.keras.Sequential([
  tf.keras.layers.Dense(10)
])
loss_fn = tf.keras.losses.SparseCategoricalCrossentropy(from_logits=True)
model.compile(optimizer='sgd',
              loss=loss_fn,
              metrics=['accuracy'])
model.fit(x_train, y_train, epochs=1)
```

其中，构建训练集的方法与 6.2 节中介绍的方法相同。

位于 tensorflow/python/keras/engine/sequential.py 中的 tf.keras.Sequential 类用于定义神经网络模型，模型的架构以 list 的形式传参，代码如下：

```
[
  tf.keras.layers.Dense(10)
]
```

列表中只有一个元素，表示该模型仅有一层。回顾 4.1 节的内容可知，计数神经网络层数时通常不包含输入层，因而该模型仅有一个输出层。原始的 MNIST 数据集包含 10 个类别，因此该模型的输出层由 10 个神经元构成。

经过扁平化处理后，每个样本的形状都为(784,)，即特征数目为 784。同样，权值数目也为 784，即 n_x=784，再加上额外的偏置量 b，每个类别对应 785 个模型参数。类别数目即 n_y=10，因此整个模型的参数数目为 7850。调用以下代码可以查看该部分信息。

```
model.summary()
```

模型参数数目又称参量，OpenAI 推出的 GPT-3 参量为 1750 亿，Google 的 Switch Transformer 参量为 1.6 万亿，智源研究院的悟道 2.0 参量为 1.75 万亿。

示例中的模型参量为 7850，与图 7-1 相对应。代码运行结果如下：

```
Model: "sequential_1"

Layer (type)            Output Shape        Param #
=================================================
dense_1 (Dense)         (32, 10)            7850
=================================================
```

```
Total params: 7,850
Trainable params: 7,850
Non-trainable params: 0
```

上述代码定义了模型的架构、前向传播、反向传播与参数更新的过程，该定义可封装为一个计算图，图 7-4 即是该定义所对应的 TensorFlow 计算图（computational graph）。

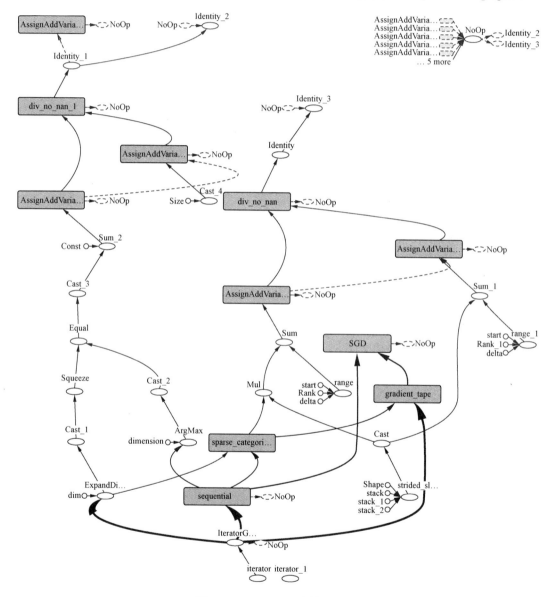

图 7-4　TensorFlow 计算图示例

7.4　体验 TensorBoard

TensorBoard 是 TensorFlow 提供的可视化工具，可以便捷地查看模型定义和训练过程，还可以查看其他模型以及与训练相关的信息，以下代码用于生成图 7-4 所示的计算图。

```
%load_ext tensorboard
import datetime
log_folder = "logs/fit/" + datetime.datetime.now().strftime("%Y%m%d-
%H%M%S")
tensorboard_callback = tf.keras.callbacks.TensorBoard(log_folder,
histogram_freq=1)
model.fit(x_train, y_train, epochs=1,
          callbacks=[tensorboard_callback])
log_folder_future = "logs/fit/" + (datetime.datetime.now() - datetime.
timedelta(days=1)).strftime("%Y%m%d-%H%M%S")
up_dir = './' + '/'.join(log_folder_future.split('/')[:-1])
%tensorboard --logdir $up_dir
```

我们在 7.3 节代码的基础上增加了上述代码，与 7.3 节的代码相比，我们在调用 model.fit() 方法时增加了参数 callbacks=[tensorboard_callback]，该参数用于绘制 Tensor-Board。代码运行结果如图 7-5 所示。

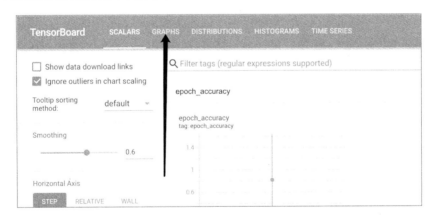

图 7-5　查看 TensorBoard

单击图 7-5 中箭头所示位置（GRAPHS），即可查看图 7-3 所示的计算图。

7.5　随　机　化

回顾 7.2.3 小节的内容可知，随机化访问样本有助于提升模型性能。同样，模型参数的初始化特别是模型权值向量的随机初始化也有助于提升模型性能。机器学习和深度学习通常采用随机化的方式初始化模型权值向量。

随机梯度下降（stochastic gradient descent，SGD）与小批量随机梯度下降（mini-batch stochastic gradient descent）均采用随机访问样本的方式训练模型。

NumPy 的 random 模块可用于随机化。

7.5.1　使用 np.random.random()生成随机数

random 模块的 random()函数返回[0.0, 1.0)之间的浮点数，包含 0.0，不包含 1.0，以下代码演示了该函数的基本使用方法。

```
import numpy as np
rand_float = np.random.random()
print(rand_float)
```

需要说明的是，读者在自己的设备上运行上述代码时，得到的结果可能与以下结果不同。

```
0.285940603678874
```

这正是随机性的一种体现。通常情况下，即使在同一台设备上，多次运行程序后得到的结果也各不相同。按住 Ctrl 键，然后多次回车，可观察到不同的返回值。

有时为了方便交流和讨论，需要确保在不同设备或同一设备上多次运行程序后得到相同的返回值，即程序运行结果具备 100%复现性，可以通过 np.random.seed()设置种子（seed），代码如下：

```
np.random.seed(2021)
rand_float = np.random.random()
print(rand_float)
```

于是，在不同设备或同一设备上多次运行，得到的都是如下所示的返回值。

```
0.6059782788074047
```

可以通过传参 size 使得 np.random.random()返回指定形状的返回值，示例代码如下：

```
np.random.seed(2021)
np.random.random(size=(3,2))
```

可以想到，上述代码将返回一个 3 行 2 列的数组：

```
array([[0.60597828, 0.73336936],
       [0.13894716, 0.31267308],
       [0.99724328, 0.12816238]])
```

7.5.2　随机初始化权值向量

通常情况下，模型偏置量 b 的初始值为 0.0，因而只需要随机初始化权值向量 w 即可。

可以在两个阶段随机初始化权值向量 w，第一个阶段是类的实例化阶段，第二个阶段是模型自动初始化权值阶段。

在类的实例化阶段随机初始化权值向量 w 无须修改类的实现，代码如下：

```
# 构建训练集
x_train = np.array([[1.9, 0.4], [1.6, 0.6], [3. , 1.1]])
y_train = [0, 0, 1]

# 定义模型并进行训练
np.random.seed(0)
model_w = np.random.random(2)
classifier = LogisticRegression(model_w=model_w)
classifier.fit(x_train, y_train, 1,1,1)
```

为方便读者复现示例，运行代码结果，上述代码设置了随机种子，即 np.random.seed(0)。代码运行结果如下：

```
model is ready after 3 epoch(s)
model trained 0.00241 s
train accuracy: 1.0
```

由于 w 的初始值不同，模型达到 100%训练准确率所需的迭代周期也不同。同样，模型学习到的参数也可能不同。代码如下：

```
print(classifier.model_w)
print(classifier.model_b)
```

代码运行结果如下：

```
[-0.03624211  0.55716181]
-0.328838779990013
```

可以发现，上述结果与 4.8.1 小节、5.1.3 小节、5.3.3 小节、6.2.5 小节、6.4.4 小节和 7.2.5 小节的结果不同。

在模型自动初始化权值阶段添加随机化，需要修改 LogisticRegression 类的实现代码。代码如下：

```
def initialize_params(self):
    if len(self.model_w) == 0:
        self.model_w = np.random.random(self.n_features)
```

需要说明的是，在此改动之后，使用默认方式调用 LogisticRegression 类时可能会得到与 7.2.5 小节不同的结果。代码如下：

```
# 定义模型并进行训练
np.random.seed(0)
classifier = LogisticRegression()
classifier.fit(x_train, y_train, 1,1,1)
```

代码运行结果如下：

```
model is ready after 3 epoch(s)
model trained 0.00314 s
```

```
train accuracy: 1.0
```

需要注意的是，虽然我们在自动初始化权值阶段应用了随机化，但是不影响在实例化阶段指定参数。代码如下：

```
# 定义模型并训练
classifier = LogisticRegression(model_w=[.1,.1])
classifier.fit(x_train, y_train, 1,1,1)
```

容易想到，此时应与 4.8.1 小节、5.1.3 小节、5.3.3 小节、6.2.5 小节、6.4.4 小节和 7.2.5 小节的结果相同。

代码运行结果如下：

```
model is ready after 1 epoch(s)
model trained 0.00103 s
train accuracy: 1.0
```

还可以继续进行验证，代码如下：

```
print(classifier.model_w)
print(classifier.model_b)
```

代码运行结果如下：

```
[-0.00587709  0.07771009]
-0.055724785459855555
```

可以发现，以上结果与 4.8.1 小节、5.1.3 小节、5.3.3 小节、6.2.5 小节、6.4.4 小节和 7.2.5 小节的结果相同。

请读者练习：测试新版本 LogisticRegression 类在简化版 MNIST 上的表现。

7.5.3　使用 np.random.shuffle()混淆数组

np.random.shuffle()函数可用于混淆给定的数组，示例代码如下：

```
# 以下代码演示 shuffle() 的使用与返回值
arr = np.arange(10)
print(arr)
np.random.seed(0)
np.random.shuffle(arr)
print(arr)
```

其中，np.arange(10)用于构建一个数组，包含 0~9 之间的整数，变量 arr 指向该数组。我们可以想到，shuffle()行代码运行之前数组中的元素是顺序排列，shuffle()行代码运行之后，是乱序排列。代码运行结果如下，由于使用了 np.random.seed(0)，读者也可以得到相同的结果。

```
[0 1 2 3 4 5 6 7 8 9]
[2 8 4 9 1 6 7 3 0 5]
```

以下代码以精简版 iris 训练集为例，演示 np.random.shuffle()的效果。

```
print(x_train)
print('-- is going to shuffle --')
np.random.seed(0)
np.random.shuffle(x_train)
print(x_train)
```

需要注意的是，np.random.shuffle()作用的是外层元素，即特征向量[1.9, 0.4]^T 由 index 为 0 的位置移到了 index 为 2 的位置，但是该元素内部的顺序不会变为[0.4, 1.9]^T。运行结果如下：

```
[[1.9 0.4]
 [1.6 0.6]
 [3.  1.1]]
-- is going to shuffle --
[[3.  1.1]
 [1.6 0.6]
 [1.9 0.4]]
```

请读者练习：修改 seed 值，然后多次运行程序，体会 np.random.shuffle()函数的作用。

7.5.4　随机访问样本

随机梯度下降是指对于给定的训练集，模型逐个学习每个样本，并更新 w 与 b，但模型学习样本的顺序是随机的。例如，对于精简版 iris 训练集，模型有可能从[1.9, 0.4]^T 开始学习，也有可能从[1.6, 0.6]^T 开始学习。

以下代码模拟了模型学习精简版 iris 训练集样本的顺序。

```
np.random.seed(0)
for epoch in range(3):
    np.random.shuffle(x_train)
    for x in x_train:
        print(x, end = ' ')
    print()
```

其中，外层循环表示模型对整个训练集学习了 3 遍，即 3 个迭代周期；内层循环表示在一个迭代周期中模型学习样本的顺序。运行结果如下：

```
[1.9 0.4] [1.6 0.6] [3.  1.1]
[3.  1.1] [1.9 0.4] [1.6 0.6]
[3.  1.1] [1.6 0.6] [1.9 0.4]
```

为方便调用，将上述代码中的内层循环封装为函数，代码如下：

```
def print_arr(arr):
    for x in arr:
        print(x, end = ' ')
    print()
```

当数组元素数量较少时，函数可以将数组的全部元素打印在同一行中，以方便进行对比查看，测试代码如下：

```
x_train = np.array([[1.9, 0.4], [1.6, 0.6], [3. , 1.1]])
y_train = np.array([0, 0, 1])
print_arr(zip(x_train, y_train))
```

需要注意的是，代码的第 2 行将精简版 iris 训练集的标签封装为 NumPy 数组，而非简单的 list；第 3 行将 2 个 NumPy 数组封装为一个 zip 对象，以方便传参。代码运行结果如下：

```
(array([1.9, 0.4]), 0) (array([1.6, 0.6]), 0) (array([3. , 1.1]), 1)
```

可以看到，训练集的特征及其对应的标签都打印在了同一行。

在此基础上，通过索引数组随机访问训练集中的样本。代码如下：

```
indices = np.arange(len(x_train))
print('indices:', indices)
np.random.seed(2021)
for epoch in range(3):
    np.random.shuffle(indices)
    print_arr(zip(indices, x_train[indices], y_train[indices]))
print('training complete')
print_arr(zip(x_train, y_train))
```

其中：np.arange()为训练集构建了索引数组，indices 指向该数组；循环表示模型对整个训练集学习了 3 遍，即 3 个 epoch；在每一个 epoch 中都调用一次 np.random.shuffle()，以打乱索引数组中的元素顺序。

需要说明的是，尽管索引数组中的元素顺序被打乱了，但元素数量并没有受到影响。以精简版 iris 训练集为例，其索引数组的初始值为[0, 1, 2]，即顺序访问训练集中的样本，初次调用 shuffle 之后，索引数组变为[2,1,0]，即先学习$[3. , 1.1]^T$，最后学习$[1.9, 0.4]^T$。代码运行结果如下：

```
indices: [0 1 2]
(2, array([3. , 1.1]), 1) (1, array([1.6, 0.6]), 0) (0, array([1.9, 0.4]), 0)
(0, array([1.9, 0.4]), 0) (2, array([3. , 1.1]), 1) (1, array([1.6, 0.6]), 0)
(1, array([1.6, 0.6]), 0) (0, array([1.9, 0.4]), 0) (2, array([3. , 1.1]), 1)
training complete
(array([1.9, 0.4]), 0) (array([1.6, 0.6]), 0) (array([3. , 1.1]), 1)
```

请读者练习：修改 seed 值或删除 np.random.seed()行代码，然后多次运行程序，观察程序访问样本的顺序。

7.5.5　随机梯度下降

结合 7.2.4 小节与 7.5.4 小节的内容，以下代码实现了 LogisticRegression 类的随机梯度下降算法。

```
def fit(self, x, y, batch_size=1, early_stop=False, verbose=False):
    y = np.asarray(y)
    # 样本数目
```

```
       m = len(x)
       self.batch_size = batch_size
       self.n_features = x.shape[-1]
       self.initialize_params()
       idx = np.arange(len(x))
       start_time = time.time()
       for epoch in range(self.epochs):
           m_correct = 0
           np.random.shuffle(idx)
           # 使用 int() 确保训练集的样本数量不能被 batch_size 整除时返回整数
           m_batches = int(len(x)/batch_size)
           # idx[:batch_size*n_batches] 确保传参的数组长度可以被 batch_size 整除
           batches = np.split(idx[:batch_size*m_batches], m_batches)
           for batch in batches:
               if(early_stop and int(self.evaluate(x[batch], y[batch]))):
                   m_correct+=1
               else:
                   a = self.forward_propagation(x[batch])
                   dw, db = self.backward_propagation(x[batch], y[batch], a)
                   self.update_params(dw, db)
           if(early_stop and m_correct==m_batches):
               if(verbose):
                   print('model is ready after {} epoch(s)'.format(epoch))
               break
       if(verbose):
           print('model trained {:.5f} s'.format(time.time() - start_time))
           print('train accuracy:', self.evaluate(x, y))
```

对比 7.2.4 小节可以发现，上述代码只有一行改动，即在每个 epoch 开始时对索引数组 idx 进行乱序操作。

```
np.random.shuffle(idx)
```

以下代码用于测试本次改动。

```
np.random.seed(10)
classifier_mnist = LogisticRegression(model_w=np.full(784,.1))
classifier_mnist.fit(x_train_mnist, y_train_mnist,1,1,1)
```

代码运行结果如下：

```
model is ready after 8 epoch(s)
model trained 3.44692 s
train accuracy: 1.0
```

以下代码用于查看模型训练结果。

```
classifier_mnist.model_b
```

代码运行结果如下：

```
1.2328548640432682
```

需要说明的是，np.random.seed() 是对随机化的复现，因此在相同 seed 值的前提下，在不同的设备或同一设备上多次运行程序，可以得到相同的 train accuracy 与 test accuracy。但是，由于系统环境不同，不同的设备或同一设备上的运行时长通常是不同的。

以下代码使用了不同的 seed 值，以得到不同的 train accuracy。

```
np.random.seed(3)
classifier_mnist = LogisticRegression()
classifier_mnist.fit(x_train_mnist, y_train_mnist,1,1,1)
print(classifier_mnist.model_b)
print(classifier_mnist.evaluate(x_test_mnist, y_test_mnist))
```

代码运行结果如下：

```
model trained 4.21305 s
train accuracy: 0.9999210422424003
1.2927560546905923
0.9995271867612293
```

可以看到，不同的 seed 值对应不同的初始化参数，因此模型训练的结果也可能不同。

7.5.6 小批量随机梯度下降

回顾 6.3 节的内容可知，小批量是指模型每学习 batch_size 个样本后更新参数一次。以简化版 iris 数据集为例，若 batch_size 为 20，则第 1 个 batch 包含索引值为 0~19 的样本，第 2 个 batch 学习索引值为 20~39 的样本，每学习 20 个样本就更新一次参数 w、b。

回顾 7.5.4 小节的内容可知，在使用小批量随机梯度下降法时，若 batch_size=20，则第 1 个 batch 中的样本索引不再是 0~19，而是随机的 20 个合法索引。

7.5.5 小节中的测试代码均设置 fit()方法的参数 batch_size=1，以下代码设置 batch_size=17，即每个 batch 中含有 17 个样本。

```
np.random.seed(10)
classifier_mnist = LogisticRegression()
classifier_mnist.fit(x_train_mnist, y_train_mnist,17,1,1)
```

代码运行结果如下：

```
model trained 0.55148 s
train accuracy: 0.9991314646664035
```

可以发现，尽管使用了相同的随机种子，由于 batch_size 不同，训练结果也不同。

7.6 小结与补充说明

在第 3 章至第 6 章的基础上，本章归纳和总结了构建神经网络的基本流程，结合多个数据集进一步帮助读者理解了 n_x、n_y、m_train 和 m_test 的含义与数组的点积运算语法。

反向传播是迄今最成功的神经网络学习算法，是人工神经网络以深度学习之名第 3 次兴起的重要动力之一，也是 Geoffrey Everest Hinton 教授得以获得 2018 年度图灵奖的重要依据。

本章所介绍的计算图是当前描述、运算神经网络模型的主要方式，也是学习后续章节的重要基础。

计算图可以用可视化的方式表达运算（operations）与参与运算的操作数（如 TensorFlow 张量）之间的关系与方向。

7.5 节详细介绍了随机化的方法与实现。在深度学习实践中，由于模型的复杂性，参量规模往往数以亿计，随机化访问样本、随机初始化参数、小批量梯度更新是经反复实践、总结和验证而得出的行之有效的训练方式。

需要说明的是，实践中常常使用正态分布随机化，通过以下代码可以查看其文档。

```
?np.random.normal
```

在第 6 章的基础上，本章继续重构了 LogisticRegression 类。经常小幅度地进行代码重构是提升程序稳定性、易用性、扩展性的重要途径之一。

本章的练习参考答案与示例代码请参考代码包中的 ch07.ipynb 文件。

第8章 两层神经网络

【学习目标】
- 进一步理解并掌握数组形状；
- 进一步理解并掌握前向传播与反向传播算法；
- 进一步理解并掌握计算图的使用；
- 初步理解并掌握两层神经网络的概念；
- 初步理解并掌握代码复用技术。

8.1 单层神经网络之局限性

8.1.1 线性可分

为了方便理解模型的学习过程，我们在第 3 章中构建了简化版的 iris 数据集。它包含两类样本，即 setosa（山鸢尾）和 versicolor（变色鸢尾），每个样本由两个特征来表示，即 petal length（花瓣长度）和 petal width（花瓣宽度）。

在这个设定下，感知机算法可理解为：找到一条直线（参考图 3-13），可以将任意给定的数据（如某朵鸢尾花的花瓣长度和宽度）正确地划分至正类（如山鸢尾）或负类（如变色鸢尾）中。当特征数目为任意正数（通常大于 3）时，这条直线称为分离超平面（separating hyperplane）。

不管特征数目等于 2 或 3，还是更大的值，感知机算法都假定了一个前提，即可以找到这样一个分离超平面，这个前提是对数据（数据分布）的假定，这样的数据称为**线性可分**（linearly separable）数据。

8.1.2 线性不可分

机器学习中需要处理的数据并非总是线性可分的。在 iris 数据集中，versicolor（变色鸢尾）与 virginica（维吉尼亚鸢尾）之间互相线性不可分（亦称非线性可分）。以下代码以可视化的方式呈现数据集的这一特点。

```python
from sklearn.datasets import load_iris
import matplotlib.pyplot as plt
%matplotlib inline

iris = load_iris()
plt.scatter(iris.data[100:, 2], iris.data[100:, 3],
        color='red', marker='o', label='virginica')
plt.scatter(iris.data[50:100, 2], iris.data[50:100, 3],
        color='blue', marker='x', label='Versicolor')
plt.xlabel("Petal length")
plt.ylabel("Petal width")
plt.legend(loc='upper left')
plt.show()
```

其中，前两行为必要的导入代码，第 3 行代码设置 Matplotlib 的 backend（后端）为 inline。变量 iris 指向由 load_iris()加载的数据集。iris 数据集中后 50 个样本对应的类别为 virginica（维吉尼亚鸢尾），可以通过 iris.data[100:]访问。iris.data[100:, 2]表示样本中 index 为 2 的特征，即 petal length（花瓣长度）；iris.data[100:, 3]表示样本中 index 为 3 的特征，即 petal width（花瓣宽度）。plt.scatter()函数以花瓣长度为横坐标，以花瓣宽度为纵坐标将这两类数据以散点图的方式进行显示，每个 x 号表示一朵维吉尼亚鸢尾，每个圆点表示一朵变色鸢尾。代码运行结果如图 8-1 所示。

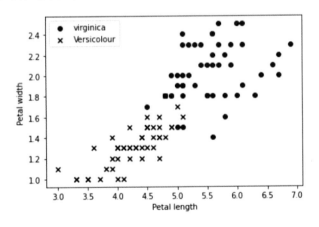

图 8-1　代码运行结果

可以看到，图中无法在两类样本之间找到一条直线，将两类样本**完全正确地**分类，这样的数据称为**线性不可分**（not linearly separable）。当数据是线性不可分时，若直接使用感知机或对数几率回归，则模型的准确率可能较低。

异或问题（exclusive or，XOR）是经典的线性不可分问题。如表 8-1 所示的真值可作为模型的数据集。

表 8-1　异或问题真值

特征 1（x_1）	特征 1（x_2）	标签（y）
0	0	0
0	1	1
1	0	1
1	1	0

8.2　两层神经网络前向传播

多层神经网络指至少含有一个隐层的神经网络，它可用于解决非线性可分问题。这里我们只讨论两层神经网络的情况，第 9 章会将内容扩展到 L 层神经网络，其中 L 为大于 0 的整数。

8.2.1　部分记号说明

如图 8-2 所示为两层神经网络模型架构，位于输入层与输出层之间的层称为隐层（hidden layer），亦称隐藏层。回顾第 4 章的图 4-2 可以看出，其输入层与隐层分别含有 3 个神经元，输出层含有 1 个神经元。图 4-2 与图 8-2 均为两层神经网络架构，均含有 3 个输入单元和 1 个输出单元，其区别在于，如图 4-2 所示的架构含有 3 个隐层单元，而如图 8-2 所示的架构含有 2 个隐层单元。

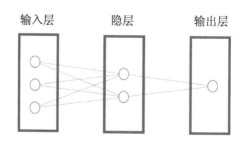

输入层　　　　隐层　　　　输出层

图 8-2　一个两层神经网络模型架构（n_0=3, n_1=2, n_2=1）

需要说明的是，一个神经网络模型可以只含有一层隐层，也可以含有多层隐层，当 L 为大于 2 的整数时，L 层神经网络含有 $L-1$ 层隐层。

为方便讨论，在图 8-3 中以实线表示输入层的每个神经元到隐层中的 a_1 神经元之间的连接，并标出了相应的权值，这部分内容将在本节详细介绍，其余部分的连接以虚线表示，这部分内容将在后续章节中详细解释。

图 8-3 中的实线部分可以看作一个 LR 模型。其中，输入层含有 3 个神经元，以 x_1、x_2、x_3 表示，该 LR 输出神经元此时作为隐层中的 a_1 神经元。

在权值 w、偏置量 b、线性模型输出值 z 与激活函数输出值 a 的右上角，我们用一对方括号标识其所对应的层，右下角的数字表示该值所对应的第 i 和 j 个神经元。例如：$a_1^{[1]}$ 表示隐层中的第 1 个神经元将前一层的输出转换为下一层的输入；w_{ij} 表示前一层中的第 i 个神经元到下一层中的第 j 个神经元之间的连接权值，如 $w_{1,1}^{[1]}$ 表示输入层 x_1 到隐层 a_1 之间的连接权值，同样，$w_{2,1}^{[1]}$ 表示输入层 x_2 到隐层 a_1 之间的连接权值。

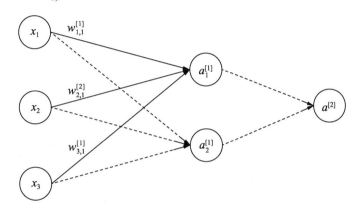

图 8-3　两层神经网络模型中的一个隐层单元

图 8-3 中的实线部分可以表示为 $a_1^{[1]} = \sigma\left(w_1^{[1]\mathrm{T}} x + b_1^{[1]}\right)$，其中 $w_1^{[1]}$ 和 x 均为列向量。

$$x = \begin{bmatrix} x_1 \\ x_2 \\ x_3 \end{bmatrix} \quad w_1^{[1]} = \begin{bmatrix} w_{1,1} \\ w_{2,1} \\ w_{3,1} \end{bmatrix}$$

如果只考虑其中的线性模型部分，则 $z_1^{[1]} = w_1^{[1]\mathrm{T}} x + b_1^{[1]}$。

为了方便编码，将该部分重写为 $z_1^{[1]} = x^{\mathrm{T}} w_1^{[1]} + b_1^{[1]}$。

在计算模型对单个样本特征的输出时，x^{T} 可以用形状为(1,3)的数组来表示，其中，1 表示样本数目，3 表示特征数目；在计算模型对训练集的输出时，可以用形状为(m,3)的数组来表示，其数学表达可写作：

$$z_1^{[1]} = X w_1^{[1]} + b_1^{[1]}$$

其中：大写的 X 可以看作一个 m 行 3 列的矩阵；b_1 表示标量；小写 z_1 表示计算结果，即一个形状为(m, 1)的列向量。

8.2.2 矩阵乘积的代码实现

以下代码模拟了矩阵乘积的计算过程。

```
import numpy as np
m = 5
X = np.ones((m, 3))
print('X:')
print(X)
w_1 = np.ones((3,1))
print('w_1:')
print(w_1)
print('np.dot(X, w_1)')
print(np.dot(X, w_1))
b_1 = .1
print('b_1:')
print(b_1)
z_1 = np.dot(X, w_1) + b_1
print('z_1:')
print(z_1)
```

其中：X 为一个形状为(m, 3)的数组，$m = 5$ 表示 5 个样本，每个样本由 3 个特征来表示；w_1 为一个(3, 1)的数组，表示相应的权值向量。因此，X 与 w_1 的点积运算结果应该为(5, 1)的数组，可看作含有 5 个元素（分量）的列向量；对其中的每个元素分别加偏置量对应+ b_1 处，应用了 NumPy 的广播（broadcasting）机制。最终的计算结果被保存至 z_1，形状为(5, 1)。代码运行结果如下：

```
X:
[[1. 1. 1.]
 [1. 1. 1.]
 [1. 1. 1.]
 [1. 1. 1.]
 [1. 1. 1.]]
w_1:
[[1.]
 [1.]
 [1.]]
np.dot(X, w_1)
[[3.]
 [3.]
 [3.]
 [3.]
 [3.]]
b_1:
0.1
z_1:
[[3.1]
 [3.1]
 [3.1]
 [3.1]
 [3.1]]
```

可以看到，一个形状为(m, 3)的数组与一个(3, 1)的数组的点积运算结果为一个(m, 1)的数组。推而广之，一个(m, n)的数组与一个(n, k)的数组的点积运算结果为一个(m, k)的数组。

需要说明的是，np.dot(X, w_1)与 np.dot(w_1, X)的含义不同，并且在本例中，np.dot(w_1, X)不符合点积运算的语法要求，因为会产生 ValueError 错误，如图 8-4 所示。

```
1 np.dot(w_1, X)
---------------------------------------------------------------------------
ValueError                                Traceback (most recent call last)
<ipython-input-35-1b3c067bd807> in <module>()
----> 1 np.dot(w_1, X)

<__array_function__ internals> in dot(*args, **kwargs)

ValueError: shapes (3,1) and (5,3) not aligned: 1 (dim 1) != 5 (dim 0)
```

图 8-4　由于 shape 不匹配导致的程序异常

8.2.3　隐层前向传播的数学表达

图 8-5 中的实线部分表示一个两层神经网络模型中从输入层到隐层的第 2 个神经元 $a_2^{[1]}$ 的连接，可以看作另一个对数几率回归模型 $a_2^{[1]}$，$a_2^{[1]} = \sigma\left(\boldsymbol{x}^{\mathrm{T}}\boldsymbol{w}_2^{[1]} + b_2^{[1]}\right)$，其中 $\boldsymbol{x}$ 和 $\boldsymbol{w}_2^{[1]}$ 均为列向量。

$$\boldsymbol{x} = \begin{bmatrix} x_1 \\ x_2 \\ x_3 \end{bmatrix} \qquad \boldsymbol{w}_2^{[1]} = \begin{bmatrix} w_{1,2}^{[1]} \\ w_{2,2}^{[1]} \\ w_{3,2}^{[1]} \end{bmatrix}$$

需要注意的是，8.2.1 小节中的 $\boldsymbol{w}_1^{[1]}$ 表示输入层到 $a_1^{[1]}$ 的权值向量，本小节中的 $\boldsymbol{w}_2^{[1]}$ 表示输入层到 $a_2^{[1]}$ 的权值向量，$\boldsymbol{w}_1^{[1]}$ 与 $\boldsymbol{w}_2^{[1]}$ 是两个含义不同的向量。

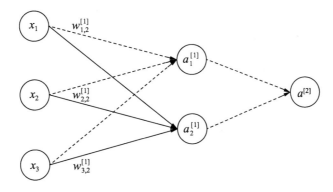

图 8-5　一个两层神经网络模型的输入层到隐层部分

将两个列向量横向堆叠可得到一个 3 行 2 列的矩阵，它是从输入层到隐层的权值矩阵，以大写字母 W 来表示，即：

$$W^{[1]} = \begin{bmatrix} w_{1,1}^{[1]} & w_{1,2}^{[1]} \\ w_{2,1}^{[1]} & w_{2,2}^{[1]} \\ w_{3,1}^{[1]} & w_{3,2}^{[1]} \end{bmatrix}$$

在代码中可以用形状为 (3, 2) 的数组来表示。

同样，$z_1^{[1]} z_2^{[1]}$ 可以合并为 $z^{[1]} = \begin{bmatrix} z_1^{[1]} & z_2^{[1]} \end{bmatrix}$，在代码中可以用形状为 (1, 2) 的数组来表示。于是，可以将两个对数几率模型合并，如图 8-6 所示。

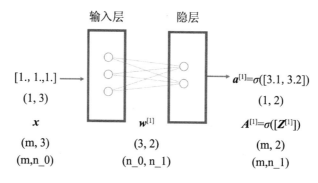

图 8-6　一个两层神经网络模型隐层的输出

以一个形状为 (1, 3) 的数组作为隐层的输入时，由于输入层到隐层的权值矩阵是形状为 (3, 2) 的数组，因此隐层输出一个形状为 (1, 2) 的数组。我们暂且把从输入层到隐层的权值矩阵的变化过程视为"经过权值矩阵的过程"。例如，以一个形状为 (m, 3) 的数组作为输入时，经过形状为 (3, 2) 的权值矩阵后，隐层输出一个形状为 (m, 2) 的数组。推而广之，以一个形状为 (m, n_0) 的数组作为输入时，经过形状为 (n_0, n_1) 的权值矩阵后，输出为一个形状为 (m, n_1) 的数组。

其中：m 表示样本数目；n_0 表示输入层神经元数目对应的样本特征数目，以本书构建的简化版 iris 为例，n_0=4，以原始 iris 数据集为例，n_0=4，以原始 MNIST 数据集为例，n_0=784；n_1 表示隐层的神经元数目，以图 8-6 为例，n_1=2。

8.2.4　隐层前向传播的代码实现

如果只考虑 8.2.3 小节中的线性模型部分，则有 $Z^{[1]} = XW^{[1]} + b^{[1]}$，为加强读者的记忆和理解，本小节亦称之为隐层线性部分、隐层线性模型和隐层线性输出。

以下代码模拟了一个样本从输入层到隐层的计算过程。

```
m = 1
x = np.ones((m, 3))
print('x:', x)
w1 = np.ones((3,2))
print('w1:')
print(w1)
print('np.dot(X, w1):', np.dot(X, w1))
b1 = np.array([[.1, .2]])
print('b:', b1)
z1 = np.dot(X, w1) + b1
print('z:', z1)
```

其中：变量名 x 表示这个样本，形状为 (m, 3)；请注意区分本例中的 w1 与 8.2.2 节中的 w_1，前者表示从输入层到隐层的权值矩阵 $W^{[1]}$，后者表示构成该矩阵的两个列向量中的第一个 w_1；变量名 b1 中的 b 表示线性模型的偏置量（bias），1 表示该线性模型位于第一层，即隐层；b1 为 (1, n_1) 时代表一个 (1, 2) 的数组，它是一个行向量，其中的每个元素（分量）分别对应 $z_1^{[1]}$ 与 $z_2^{[1]}$ 中的偏置量；变量名 z1 表示第一层的 z 值，即位于隐层的线性模型部分的输出值 $Z^{[1]}$，X 的形状为 (m, n_0)，$W^{[1]}$ 的形状为 (n_0, n_1)，回顾 8.2.2 小节的内容可知，$Z^{[1]}$ 的形状为 (m, n_1)，即 (1, 2)，与 8.2.3 小节一致。

代码运行结果如下：

```
x: [[1. 1. 1.]]
w1:
[[1. 1.]
 [1. 1.]
 [1. 1.]]
np.dot(X, w1): [[3. 3.]]
b: [[0.1 0.2]]
z: [[3.1 3.2]]
```

隐层 sigmoid 函数的输入为 z1，其形状为 (m, n_1)，输入为 a1，其形状仍然为 (m, n_1)。本例中样本数目 m=1，隐层神经元数目 n_1=2。以下代码演示了这个计算过程。

```
a1 = sigmoid(z1)
print('a1: ', a1)
print('a1.shape: ', a1.shape)
```

其中，sigmoid() 为 4.3 节定义的函数。数组 z1 的形状为 (1, 2)，表示隐层的线性输出值。代码运行结果如下：

```
a1: [[0.95689275 0.96083428]]
a1.shape: (1, 2)
```

需要说明的是，为确保代码的扩展性与可读性，应保持数组维数不小于 2。

为了方便理解，上述示例打印了数组的值。为突出重点，以下示例仅打印数组形状，读者可根据自己的需要和理解，增加代码查看数组元素的值。

以下代码模拟一个数据集 x 经过隐层的线性部分的计算过程，数据集的样本数目 m=5。

```
m = 5
x = np.ones((m, 3))
print('x.shape:', x.shape)
w1 = np.ones((3,2))
print('w1.shape:', w1.shape)
print('np.dot(x, w1).shape:', np.dot(x, w1).shape)
b1 = np.array([[.1, .2]])
print('b1.shape:', b1.shape)
z1 = np.dot(x, w1) + b1
print('z1.shape:', z1.shape)
```

除了 m 值不同之外，其余的计算部分与上例完全相同。

回顾 8.2.3 小节的内容可知，一个形状为(m, n_0)的数组 x，经过隐层中形状为(n_0, n_1) 的权值矩阵 $w1$ 后，将输出一个形状为(m, n_1)的数组。本例中的样本数目 $m=5$，样本特征数目及与之对应的输入层的神经元数目 n_0=3，隐层的神经元数目 n_1=2，因此数组 z1 的形状为(m, n_1)，即(5, 2)。为方便理解，本小节以 $w1$ 作为权值矩阵的记号，在第 9 章中将对此进行扩充与完善。代码运行结果如下：

```
x.shape: (5, 3)
w1.shape: (3, 2)
np.dot(x, w1).shape: (5, 2)
b1.shape: (1, 2)
z1.shape: (5, 2)
```

对比本小节的示例代码可以发现，将参与计算的量用二维数组来表示，可同时适用于单个样本与整个数据集的计算。因此，在如图 8-7 所示的计算图中，A、Z、W、X、b 均用二维数组来表示。

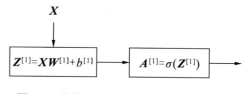

图 8-7　从输入层到隐层的前向传播计算图

请读者练习：预测并用代码实现数据集 x 经过隐层激活函数后输出的数组形状。

请读者练习：考虑这样一个神经网络模型，其输入层含有两个神经元，隐层含有两个神经元，输出层含有一个神经元，用代码实现该模型从输入层到隐层的前向传播过程。

8.2.5　输出层前向传播的数学表达

如图 8-8 所示，图中的实线部分可看作另一个对数几率回归模型，其输入为前一层的输出，即 $a_1^{[1]}a_2^{[1]}$ 作为该部分的输入，$a^{[2]}$ 作为输出。回顾 8.2.1 小节的内容可知，方括号[1] 表示隐层，方括号[2]表示输出层。

当一个数据集经过图 8-8 中的实线部分时，其计算过程的数学表达如下：

$$z^{[2]}=A^{[2]}w^{[2]}+b^{[2]}$$

其中：$A^{[1]}$ 在 8.2.3 小节中通过计算得到，在代码中可以用(m, n_1)数组来表示；$w^{[2]}$ 表示从隐层到输出层的权值向量，即

$$w^{[2]} = \begin{bmatrix} w_1^{[2]} \\ w_2^{[2]} \end{bmatrix}$$

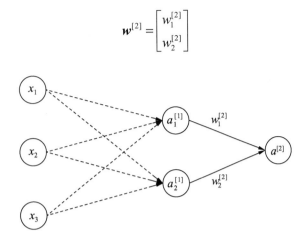

图 8-8　一个两层神经网络模型从隐层到输出层的部分

在代码中：可以用(n_1, n_2)即(2, 1)数组来表示；由于输出层只有一个神经元，因此 $b^{[2]}$ 为标量；可以用(m, n_2)即(m, 1)数组表示计算结果，当单个样本经过图 8-8 中的实线部分时，m=1，$z^{[2]}$ 为标量，当样本数目为 m 的数据集经过图 8-8 中的实线部分时，$z^{[2]}$ 为(m, 1)列向量，为方便编写代码，用(m, 1)数组表示 $z^{[2]}$。同样，$a^{[2]}$ 也用(m, 1)数组来表示。

8.2.6　输出层前向传播的代码实现

以下代码演示了整个数据集经过隐层到输出层部分的前向传播的计算过程。

```
n_1 = 2
n_2 = 1
print('a1.shape:', a1.shape)
w2 = np.ones((n_1, n_2))
print('w2.shape:', w2.shape)
b2 = np.random.random((1, n_2))
print('b2.shape:', b2.shape)
z2 = np.dot(a1, w2) + b2
print('z2.shape:', z2.shape)
a2 = sigmoid(z2)
print('a2.shape:', a2.shape)
```

其中：a1 通过 8.2.4 小节中的计算得到，它表示隐层的输出 $A^{[1]}$；w2 表示从隐层到输出层的权值向量 $w^{[2]}$；b2 表示输出层的偏置量 $b^{[2]}$；z2 表示输出层的线性模型值 $z^{[2]}$；a2 表示输出层的激活函数值 $a^{[2]}$。代码运行结果如下：

```
a1.shape: (5, 2)
w2.shape: (2, 1)
b2.shape: (1, 1)
z2.shape: (5, 1)
a2.shape: (5, 1)
```

隐层输出形状为(m, n_1)的数组，本例中样本数目 $m=5$，隐层的神经元数目 n_1=2；w2 的形状为(n_1, n_2)，本例中输出层的神经元数目 n_2=1，因此二者的点积为(m, n_2)的数组；b2 的形状为(1, n_2)，通过广播机制作用于线性模型的每个输出；相应地，z2 的形状为(m, n_2)，而 sigmoid 函数不会改变数组的形状，因此 a2 的形状也为(m, n_2)，即(5, 1)。

上述计算过程可以用计算图的形式来表示，如图 8-8 所示。

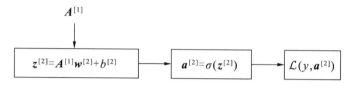

图 8-9　从隐层到输出层的前向传播计算图

需要说明的是，图 8-9 中损失函数的计算部分并未包含在本小节的示例代码中，该部分内容将在后续章节中详细讲解。

将两部分计算合并，可得到如图 8-10 所示的计算图，这就是本节所介绍的两层神经网络的前向传播计算过程。

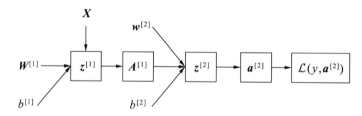

图 8-10　从输入层到输出层的前向传播计算图

请读者练习：考虑这样的一个神经网络模型，其输入层含有两个神经元，隐层含有两个神经元，输出层含有一个神经元，用代码实现该模型从隐层到输出层的前向传播过程。

8.3　两层神经网络反向传播

8.2 节介绍了两层神经网络前向传播的计算过程，本节将介绍其反向传播的计算过程。

以下讨论兼顾单个样本与多个样本的情况（如一个 batch 或整个训练集），即 $m=1$ 或 $m>1$ 的情况。若需要回顾单个样本情况下的损失函数 $\mathcal{L}(y,a^{[2]})$ 与多个样本情况下的损失函数 $J(\theta)=J(y,a^{[2]})$ 的关系，可参考 4.4 节的内容。

若读者在理解数学推导的过程中遇到困难，可尝试先推导单个样本的情况，即暂不考虑多个样本，在推导出单个样本梯度后，再考虑多个样本的情况，即数组形状问题。

8.3.1 输出层反向传播的数学表达

参照 4.4 节和 4.5 节的内容可知，模型损失函数对输出层激活函数 $a^{[2]}$ 的导数为：

$$\frac{\mathrm{d}\mathcal{L}(y,a^{[2]})}{\mathrm{d}a^{[2]}} = -\frac{y}{a^{[2]}} + \frac{1-y}{1-a^{[2]}} \tag{8-1}$$

当前模型为两层神经网络，输出层就是第 2 层，因此在代码中以 da2 表示损失函数对第 2 层激活函数的导数。

输出层激活函数 $a^{[2]}$ 对输出层线性模型 $z^{[2]}$ 的导数为：

$$\frac{\mathrm{d}a^{[2]}}{\mathrm{d}z^{[2]}} = a^{[2]}(1-a^{[2]}) \tag{8-2}$$

于是，损失函数对输出层线性模型 $z^{[2]}$ 的导数为：

$$\frac{\mathrm{d}\mathcal{L}(y,a^{[2]})}{\mathrm{d}z^{[2]}} = \frac{\mathrm{d}\mathcal{L}(y,a^{[2]})}{\mathrm{d}a^{[2]}} \cdot \frac{\mathrm{d}a^{[2]}}{\mathrm{d}z^{[2]}} = a^{[2]} - y \tag{8-3}$$

代码中以 dz2 表示损失函数对输出层线性模型的导数，在数学表达中以 $\mathrm{d}z^{[2]}$ 表示。需要说明的是，由于 $z^{[2]}$ 的形状为 (m, n_2)，因此 $\mathrm{d}z^{[2]}$ 的形状也必须为 (m, n_2)，即 (m, 1)。

损失函数对输出层权值 $w^{[2]}$ 的梯度为：

$$\frac{\mathrm{d}\mathcal{L}(y,a^{[2]})}{\mathrm{d}w^{[2]}} = \frac{\mathrm{d}\mathcal{L}(y,a^{[2]})}{\mathrm{d}a^{[2]}} \cdot \frac{\mathrm{d}a^{[2]}}{\mathrm{d}z^{[2]}} \cdot \frac{\mathrm{d}z^{[2]}}{\mathrm{d}w^{[2]}} = \mathrm{d}z^{[2]} \cdot \frac{\mathrm{d}z^{[2]}}{\mathrm{d}w^{[2]}} = \mathrm{d}z^{[2]} \cdot (a^{[1]})^{\mathrm{T}}$$

说明：在代码中以 dw2 表示损失函数对输出层权值 $w^{[2]}$ 的梯度，在数学表达中用 $\mathrm{d}w^{[2]}$ 表示。$\mathrm{d}w^{[2]}$ 的形状必须要与 $w^{[2]}$ 的形状相同，即 (n_1, n_2)。模型在 m 个样本的情况下，损失函数 $J(\theta) = J(y,a^{[2]})$ 对输出层权值 $w^{[2]}$ 的梯度为：

$$\frac{\mathrm{d}\mathcal{L}(y,a^{[2]})}{\mathrm{d}w^{[2]}} = \frac{1}{m}(a^{[1]})^{\mathrm{T}} \cdot \mathrm{d}z^{[2]} \tag{8-4}$$

其中，m 表示样本数目，$a^{[1]}$ 的形状为 (m, n_1)，即 (m, 2)，于是 $(a^{[1]})^{\mathrm{T}}$ 的形状为 (2, m)，而 $\mathrm{d}z^{[2]}$ 的形状为 (m, 1)，因此二者的点积运算结果为 (n_1, n_2)，即为 (2, 1) 的数组。需要注意的是，$\frac{1}{m}$ 旨在求算术平均值，不会改变数组的形状，具体可参照 4.4 节，这里不再赘述。

损失函数对输出层偏置量 $b^{[2]}$ 的导数为：

$$\frac{\mathrm{d}\mathcal{L}(y,a^{[2]})}{\mathrm{d}b^{[2]}} = \mathrm{d}z^{[2]}$$

说明：在代码中以 db2 表示损失函数对输出层偏置量 $b^{[2]}$ 的导数，在数学表达中用 $\mathrm{d}b^{[2]}$ 表示。模型在 m 个样本的情况下，损失函数 $J(\theta) = J(y,a^{[2]})$ 对输出偏置量 $b^{[2]}$ 的导数为：

$$\frac{\mathrm{d}}{\mathrm{d}b^{[2]}}J(y,a^{[2]}) = \frac{1}{m}\mathrm{d}z^{[2]} \tag{8-5}$$

需要说明的是，$b^{[2]}$ 的形状为(1, 1)，为确保 $\mathrm{d}b^{[2]}$ 的形状与 $b^{[2]}$ 的形状相同，通常在代码实现中使用 np.mean(dz2, keepdims = True)计算该值。

8.3.2　输出层反向传播的代码实现

以下代码模拟了 dz2 的计算过程。

```
y = np.ones((5,1))
print('y.shape:', y.shape)
print('a2.shape:', a2.shape)
dz2 = (a2 - y)
print('dz2.shape:', dz2.shape)
```

其中，a2 来自 8.2.6 小节的计算，其 shape 与 z2 相同，即(m, n_2)，本例中的样本数目 m=5，第二层的神经元数目 n_2=1。代码运行结果如下：

```
y.shape: (5, 1)
a2.shape: (5, 1)
dz2.shape: (5, 1)
```

注意，要确保 a2 与 y 的形状相同。以下代码演示了由于形状不同而出现的问题。

```
u = np.ones((3, 1))
print('u.shape:', u.shape)
v = np.array([.0, .1, .2])
print('v.shape:', v.shape)
u - v
```

u 的 shape 为(3, 1)，v 的 shape 为(3,)，二者形状不同。代码运行结果如下：

```
u.shape: (3, 1)
v.shape: (3,)
array([[1. , 0.9, 0.8],
       [1. , 0.9, 0.8],
       [1. , 0.9, 0.8]])
```

以下代码模拟了 dw2 的计算过程。

```
dw2 = np.dot(a1.T, dz2)/m
print('dw2.shape:', dw2.shape)
print('w2.shape:', w2.shape)
```

查看 dw2 是否与 w2 的形状相同，可以将其作为一种检查方法。代码运行结果如下：

```
dw2.shape: (2, 1)
w2.shape: (2, 1)
```

以下代码模拟了 db2 的计算过程。

```
db2 = np.mean(dz2)
print('without keepdims, db2.shape:', db2.shape)
```

```
print('b2.shape:', b2.shape)
db2 = np.mean(dz2, keepdims = True)
print('db2.shape:', db2.shape)
```

其中，db2 计算了两次，第一次未使用 keepdims = True 参数，第二次使用了该参数。代码运行结果如下：

```
without keepdims, db2.shape: ()
b2.shape: (1, 1)
db2.shape: (1, 1)
```

可以看到，在未传参 keepdims = True 的情况下，db2 的维数为 0，即一个标量。从数学的角度来说 db2 确实是一个标量，但是在代码实现中将其封装为二维数组可以提升程序的稳定性。

请读者练习：考虑这样一个神经网络模型，其输入层含有两个神经元，隐层含有两个神经元，输出层含有一个神经元，用代码实现该模型第二层参数的梯度计算过程。

8.3.3　隐层反向传播的数学表达

损失函数 $\mathcal{L}(y,a^{[2]})$ 对隐层即第 1 层激活函数 $a^{[1]}$ 的导数为：

$$\frac{\mathrm{d}\mathcal{L}(y,a^{[2]})}{\mathrm{d}a^{[1]}} = \frac{\mathrm{d}\mathcal{L}(y,a^{[2]})}{\mathrm{d}a^{[2]}} \cdot \frac{\mathrm{d}a^{[2]}}{\mathrm{d}z^{[2]}} \cdot \frac{\mathrm{d}z^{[2]}}{\mathrm{d}a^{[1]}}$$
$$= \mathrm{d}z^{[2]} \cdot (w^{[2]})^{\mathrm{T}} \qquad (8\text{-}6)$$

说明：在代码中以 da1 表示损失函数对隐层激活函数的导数，在数学表达中以 $\mathrm{d}a^{[1]}$ 表示该变量，其形状为(m, n_1)，即(m, 2)。

损失函数对隐层即第 1 层线性模型 $z^{[1]}$ 的导数为：

$$\frac{\mathrm{d}\mathcal{L}(y,a^{[2]})}{\mathrm{d}z^{[1]}} = \frac{\mathrm{d}\mathcal{L}(y,a^{[2]})}{\mathrm{d}a^{[2]}} \cdot \frac{\mathrm{d}a^{[2]}}{\mathrm{d}z^{[2]}} \cdot \frac{\mathrm{d}z^{[2]}}{\mathrm{d}a^{[1]}} \cdot \frac{\mathrm{d}a^{[1]}}{\mathrm{d}z^{[1]}}$$
$$= \mathrm{d}a^{[1]} * (a^{[1]} * (1-a^{[1]})) \qquad (8\text{-}7)$$

说明：在代码中以 dz1 表示损失函数对隐层激活函数的导数，在数学表达中以 $\mathrm{d}z^{[1]}$ 表示该变量，其形状为(m, n_1)，即(m, 2)。其中，$(a^{[1]} * (1-a^{[1]}))$ 中的星号*表示元素对应的乘积，其计算结果与 $\mathrm{d}a^{[1]}$ 之间的星号*同样表示元素对应的乘积，$\mathrm{d}a^{[1]}$ 来自式（8-6）的计算结果，即损失函数对隐层激活函数 $a^{[1]}$ 的导数。

以下代码演示了元素对应乘积的 NumPy 实现过程。

```
import numpy as np
a = np.array([[1,2,3],[3,2,1]])
b = np.array([[5,6,7],[7,8,9]])
print('a.shape:', a.shape)
print('b.shape:', b.shape)
print(a*b)
```

其中，a，b 都是形状为(2, 3)的数组，元素对应的乘积是指 a 中的每个元素与 b 中相同位置的元素相乘，计算得到的数组形状仍然是(2, 3)。代码运行结果如下：

```
a.shape: (2, 3)
b.shape: (2, 3)
[[ 5 12 21]
 [21 16  9]]
```

损失函数 $\mathcal{L}(y, a^{[2]})$ 对隐层即第一层权值 $w^{[1]}$ 的梯度为：

$$\frac{d\mathcal{L}(y,a^{[2]})}{dw^{[1]}} = \frac{d\mathcal{L}(y,a^{[2]})}{da^{[2]}} \cdot \frac{da^{[2]}}{dz^{[2]}} \cdot \frac{dz^{[2]}}{da^{[1]}} \cdot \frac{da^{[1]}}{dz^{[1]}} \cdot \frac{dz^{[1]}}{dw^{[1]}} = x^{\mathrm{T}} \cdot dz^{[1]}$$

说明：在代码中以 dw1 表示损失函数对隐层权值向量 $w^{[1]}$ 的梯度。x^{T} 的形状为(n_0, m)，$dz^{[1]}$ 的形状为(m, n_1)，点积结果的形状(n_0, n_1)与 $w^{[1]}$ 相同。模型在 m 个样本的情况下，损失函数 $J(\theta) = J(y, a^{[2]})$ 对第 1 层权值向量 $w^{[1]}$ 为：

$$\frac{d}{dw^{[1]}} J(y, a^{[2]}) = \frac{1}{m} x^{\mathrm{T}} \cdot dz^{[1]} \tag{8-8}$$

损失函数 $\mathcal{L}(y, a^{[2]})$ 对隐层即第 1 层偏置量 $b^{[2]}$ 的导数为：

$$\frac{d\mathcal{L}(y,a^{[2]})}{db^{[1]}} = \frac{d\mathcal{L}(y,a^{[2]})}{da^{[2]}} \cdot \frac{da^{[2]}}{dz^{[2]}} \cdot \frac{dz^{[2]}}{da^{[1]}} \cdot \frac{da^{[1]}}{dz^{[1]}} \cdot \frac{dz^{[1]}}{dw^{[1]}} = \frac{1}{m} dz^{[1]}$$

说明：在代码中以 db1 表示损失函数对隐层偏置量 $b^{[1]}$ 的导数。模型在 m 个样本的情况下，损失函数 $J(\theta) = J(y, a^{[2]})$ 对隐层偏置量 $b^{[1]}$ 的导数为：

$$\frac{d}{db^{[1]}} J(y, a^{[2]}) = \frac{1}{m} dz^{[1]} \tag{8-9}$$

通过代码 np.mean(dz1, axis=0)可以得到这个值，其形状为(1, 2)，与 $b^{[1]}$ 相同。

8.3.4　隐层反向传播的代码实现

以下代码模拟了 da1 的计算过程：

```
print('dz2, w2.T:', dz2.shape, w2.T.shape)
da1 = np.dot(dz2, w2.T)
print('da1.shape:', da1.shape)
```

应确保 da1 与 a1 的形状相同。代码运行结果如下：

```
dz2, w2.T: (5, 1) (1, 2)
da1.shape: (5, 2)
```

可以看到，da1 的形状为(m, n_1)。在本例中，样本数目 $m=1$，第一层神经元的数目 n_1=2。

回顾 8.3.3 小节内容可知，dz1 是由 3 个形状为(m, n_1)的数组进行元素对应相乘而得到的，代码如下：

```
dz1 = da1 * (a1*(1-a1))
print('dz1.shape:', dz1.shape)
```

容易想到，3 个形状为(m, n_1) 的数组元素对应的乘积，其结果仍然为(m, n_1)。代码运行结果如下：

```
dz1.shape: (5, 2)
```

以下代码模拟了 dw1 的计算过程。

```
dw1 = np.dot(x.T, dz1)/m
print('x.T, dz1:', x.T.shape, dz1.shape)
print('dw1.shape:', dw1.shape)
```

应确保 dw1 与 w1 的形状相同。代码运行结果如下：

```
x.T, dz1: (3, 5) (5, 2)
dw1.shape: (3, 2)
```

以下代码模拟了 db1 的计算过程。

```
db1 = np.mean(dz1, axis=0, keepdims = True)
print('db1.shape:', db1.shape)
print('b1.shape:', b1.shape)
```

应确保 db1 与 b1 的形状相同。代码运行结果如下：

```
db1.shape: (1, 2)
b1.shape: (1, 2)
```

如图 8-11 所示，图中的虚线表示该模型的反向传播过程。

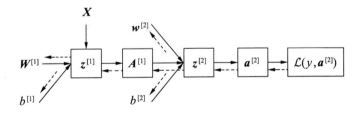

图 8-11 一个两层神经网络模型的反向传播计算图

请读者练习：考虑这样一个神经网络模型，其输入层含有两个神经元，隐层含有两个神经元，输出层含有一个神经元，用代码实现该模型第一层参数的梯度计算过程。

8.4 两层神经网络实现异或运算

在 8.2 节与 8.3 节中我们推导并实现了一个两层神经网络的前向传播与反向传播。为方便读者理解，假设其输入层为 3 个神经元，隐层为 2 个神经元，输出层为 1 个神经元。我们仅需要对如图 8-2 所示的架构进行微调即可解决 8.1.2 小节中的异或问题。

表 8-1 中的 x_1 和 x_2 可看作特征，y 可看作真实值的标记（ground truth label），相应模型输入层的神经元数目应调整为 2，以与特征数目相匹配。

如图 8-12 所示为相应的神经网络架构。

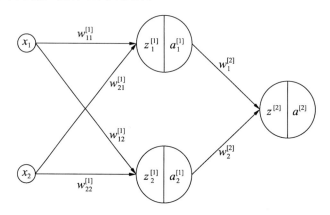

图 8-12　一个两层神经网络模型的架构（n_0=2, n_1=2, n_2=1）

需要注意的是，从模型架构的角度看，图 8-12 与图 8-2 所表示的模型仅有一处不同，即输入单元数目 n_0。

以下为模型定义与训练的完整代码，也是 8.2.4 小节、8.2.6 小节、8.3.2 小节和 8.3.4 小节中读者练习环节的参考答案。

```python
import numpy as np
np.random.seed(2021)

def sigmoid (x):
    return 1/(1 + np.exp(-x))

x_xor = np.array([[0,0],[0,1],[1,0],[1,1]])
y_xor = np.array([0,1,1,0]).reshape(-1, 1)
m = len(x_xor)
epochs = 5000
learning_rate = 0.1
n_0, n_1, n_2 = 2,2,1

w1 = np.full((n_0, n_1), .5)
b1 = np.zeros((1, n_1))
w2 = np.random.uniform(size=(n_1, n_2))
b2 = np.random.uniform(size=(1, n_2))

for _ in range(epochs):
    # 前向传播
    z1 = np.dot(x_xor, w1) + b1
    a1 = sigmoid(z1)
    z2 = np.dot(a1, w2) + b2
    a2 = sigmoid(z2)
```

```
# 反向传播与参数更新
dz2 = a2 - y_xor
da1 = np.dot(dz2, w2.T)
dz1 = da1 * (a1 * (1 - a1))
w2 -= np.dot(a1.T, dz2)/m * learning_rate
b2 -= np.mean(dz2, axis=0, keepdims=True) * learning_rate
w1 -= np.dot(x_xor.T, dz1)/m * learning_rate
b1 -= np.mean(dz1, axis=0, keepdims=True) * learning_rate

print("模型输出:", *a2)
```

其中，seed(2021)用来方便读者复现本例结果。在理解并掌握这个例子后，读者可以尝试不同的 seed 值；随机初始化权值 w2、b2 可参考 7.5.2 小节。前向传播与反向传播复用了 8.2.4 小节、8.2.6 小节、8.3.2 小节和 8.3.4 中的代码；为节约篇幅，上述代码中未包含 predict()函数，因此模型输出该样本属于类别 1 的概率。代码运行结果如下：

```
模型输出: [0.12763914] [0.75867205] [0.75867205] [0.37623214]
```

以第 1 个样本[0,0]^{T}为例，模型对其属于类别 1 的概率为 0.12763914，可解释为模型有 12.76%的把握预测其属于类别 1，有 87.2%的把握预测其属于类别 0，因而其类型属于 0。

以上结果依次对应 0,1,1,0，即 100%的准确率。

需要说明的是，本例中 epochs=5000，若使用其他 seed 值或未使用 np.random.seed()，则可能需要增加 epochs 的值。

以下代码用于查看 5000 个迭代周期后模型学习到的参数。

```
print('w1')
print(w1)
print('b1:', b1)
print('w2:', w2.flatten())
print('b2:', b2)
```

代码运行结果如下：

```
w1
[[1.88696242 4.98081628]
 [1.88696242 4.98081628]]
b1: [[-2.62799551 -1.45580988]]
w2: [-4.13706191  5.27384019]
b2: [[-2.64099684]]
```

请读者练习：参照第 7 章中的代码，将本节中的代码封装为类。

8.5 实现 MLPClassifier 类

如果一段具有特定功能的 Python 代码需要反复调用，则可以考虑将其封装为类，本节将会把 8.4 节中的代码封装为 MLPClassifier 类，方便以后调用。

8.5.1 构造器__init__()

与 LR 相比，由于两层神经网络含有更多的模型参数，因此其构造方法中需要更多的参数。代码如下：

```
class MLPClassifier:
    def __init__(self, learning_rate=.1, epochs=10, n_0=2, n_1=2, n_2=1,
        model_w1=[], model_b1=[], model_w2=[], model_b2=[]):
        self.learning_rate = learning_rate
        self.epochs = epochs
        self.model_w1 = model_w1
        self.model_b1 = model_b1
        self.model_w2 = model_w2
        self.model_b2 = model_b2
        self.n_1 = n_1
        self.n_2 = n_2
```

其中：n_0 表示输入层的神经元数目，相当于 LogisticRegression 类的 n_features 属性；n_1 表示第一层，即隐层的神经元数目；n_2 表示输出层的神经元数目。需要说明的是，在二层前馈神经网络中，最后一层为输出层，而本例中的神经网络只有两层，因此第二层即是输出层。

model_w1 和 model_b1 分别表示第一层的权值与偏置量；model_w2 和 model_b2 分别表示第二层的权值与偏置量。

回顾 LogisticRegression 类可知，在 fit()方法中可以通过训练集判断 n_0 的值，从而对第一层的权值与偏置量进行自动初始化；但在 MLPClassifier 类中，模型的第一层权值的形状由 n_0 和 n_1 共同决定，因此 n_1 必须由模型的调用者显式给出。

8.5.2 参数初始化 initialize_params()

参考 LogisticRegression 类，若实例化 MLPClassifier 类时未显式指定模型参数，则需要通过代码对模型参数进行自动初始化。代码如下：

```
def initialize_params(self):
    n_0 = self.n_0
    n_1 = self.n_1
    n_2 = self.n_2
    if len(self.model_w1) == 0:
        self.model_w1 = np.random.normal(0, .1, (n_0, n_1))
    if len(self.model_w2) == 0:
        self.model_w2 = np.random.normal(0, .1, (n_1,n_2))
    if len(self.model_b1) == 0:
        self.model_b1 = np.zeros((1, n_1))
    if len(self.model_b2) == 0:
        self.model_b2 = np.zeros((1, n_2))
```

与 8.4 节中的代码不同，上述代码以均值 0 和标准差 0.1 的正态分布对两层的权值分别进行了随机初始化，均值 0 和标准差 0.1 是由大量实践而得，通常情况下可以提升两层神经网络模型的性能。

参考 LogisticRegression 类，通常情况下，模型的偏置量初值为 0.0。

8.5.3 前向传播 forward_propagation()

回顾 7.1 节和 7.2 节的内容可知，模型迭代学习的过程主要由 3 个步骤构成，即前向传播、反向传播和更新参数。

首先需要通过前向传播计算出模型输出层的激活值，代码如下：

```
def forward_propagation(self, x):
    z1 = np.dot(x, self.model_w1) + self.model_b1
    a1 = sigmoid(z1)
    z2 = np.dot(a1, self.model_w2) + self.model_b2
    a2 = sigmoid(z2)
    return a1, a2
```

需要说明的是，在现代深度学习框架中，前向传播阶段通常还要计算 loss，即模型在当前 batch 上的损失函数值。限于篇幅，本书省略了这个环节，省略的这部分内容在本系列的后续书籍和视频中将会详细讲解。

回顾 8.4 节的内容可知，在反向传播的代码实现中，需要通过隐层与输出层的激活函数值即 a1 和 a2 来计算梯度，因此，在代码中以 a1 和 a2 作为 forward_propagation()方法的返回值。

8.5.4 反向传播 backward_propagation()

将 8.4 节中的相关逻辑封装为 MLPClassifier 类的方法，代码如下：

```
def backward_propagation(self, x, y, a1, a2):
    m = len(x)
    n_1 = self.n_1
    n_2 = self.n_2
    a1 = a1.reshape(m, -1)
    y = y.reshape(m, 1)
    dz2 = a2 - y
    dw2 = np.dot(a1.T, dz2)/m
    dw2 = dw2.reshape(n_1, 1)
    db2 = np.mean(dz2, keepdims = True)
    dz1 = np.dot(dz2, self.model_w2.T) * (a1*(1-a1))
    dw1 = np.dot(x.T, dz1)/m
    db1 = np.mean(dz1, axis=0)
    return dw1, db1, dw2, db2
```

需要说明的是，当模型逐个学习样本时，y 的形状为(1,)会导致程序出现问题，因此应通过 reshape()方法确保 y 的形状为(m, 1)。

反向传播阶段需要计算模型参数的梯度，因此以 dw1、db1、dw2 和 db2 作为 backward_propagation()方法的返回值。

8.5.5　参数更新 update_params()

将 8.4 节中的相关逻辑封装为 MLPClassifier 类的方法，代码如下：

```
def update_params(self, dw1, db1, dw2, db2):
    self.model_w2 -= self.learning_rate * dw2
    self.model_b2 -= self.learning_rate * db2
    self.model_w1 -= self.learning_rate * dw1
    self.model_b1 -= self.learning_rate * db1
```

需要说明的是，模型参数的形状与其梯度的形状必须相同，即 model_w2 的形状与 dw2 的形状必须相同，model_b2 的形状与 db2 的形状必须相同，model_b1 的形状与 db1 的形状必须相同，model_w1 的形状必须与 dw1 的形状相同。

8.5.6　模型输出

回顾 4.2 节的内容可知，有时模型会直接输出样本的所属类别，如{0, 1}，有时则输出对应的概率，这是由不同的调用需求和不同的代码实现决定的。基于本节的实现：若需要输出对应的概率，则可以调用该实例的 activation()方法；若需要模型直接输出给定输入的所属类别，则可以调用该实例的 predict()方法；若只关心模型在指定数据集上的准确率，则可以调用 evaluate()方法。

相关的实现代码如下：

```
def activation(self, x):
    _, a2 = self.forward_propagation(x)
    return a2

def predict(self, x):
    a = self.activation(x) >= 0.5
    return np.squeeze(1*a)

def evaluate(self, x, y):
    y = np.asarray(y)
    acc = np.count_nonzero(np.squeeze(y) == np.squeeze(self.predict(x)))/
len(y)
    return acc
```

上述代码在满足不同用户需求的同时还提升了扩展性，具体内容将在 9.3.5 小节中进一步讨论。

8.5.7　模型启动训练 fit()

结合 8.4 节与 7.5 节的实现，可以得到 MLPClassifier 类的 fit() 方法，代码如下：

```
def fit(self, x, y, batch_size=1, early_stop=False, verbose=False):
    y = np.asarray(y)
    # 样本数目
    m = len(x)
    self.batch_size = batch_size
    self.n_0 = x.shape[-1]
    self.initialize_params()
    idx = np.arange(m)
    start_time = time.time()
    for epoch in range(self.epochs):
        m_correct = 0
        np.random.shuffle(idx)
        # 使用 int() 确保训练集的样本数量不能被 batch_size 整除时返回整数
        m_batches = int(len(x)/batch_size)
        # idx[:batch_size*n_batches] 确保传参的数组长度可以被 batch_size 整除
        batches = np.split(idx[:batch_size*m_batches], m_batches)
        for batch in batches:
            if(early_stop and int(self.evaluate(x[batch], y[batch]))):
                m_correct+=1
            else:
                a1, a2 = self.forward_propagation(x[batch])
                dw1, db1, dw2, db2 = self.backward_propagation(x[batch],
y[batch], a1, a2)
                self.update_params(dw1, db1, dw2, db2)
        if(early_stop and m_correct==m_batches):
            if(verbose):
                print('model is ready after {} epoch(s)'.format(epoch))
            break
    if(verbose):
        print('model trained {:.5f} s'.format(time.time() - start_time))
        print('train accuracy:', self.evaluate(x, y))
```

可以发现，上述代码与 7.5 节中 LogisticRegression 类的 fit() 方法相比仅有以下两处改动，这样改是为了适用两层网络模型。

第 1 处改动，用

```
self.n_0 = x.shape[-1]
```

替换了

```
self.n_features = x.shape[-1]
```

第 2 处改动，用

```
                a1, a2 = self.forward_propagation(x[batch])
                dw1, db1, dw2, db2 = self.backward_propagation(x[batch],
y[batch], a1, a2)
                self.update_params(dw1, db1, dw2, db2)
```

替换了

```
                    a = self.forward_propagation(x[batch])
                    dw, db = self.backward_propagation(x[batch], y[batch], a)
                    self.update_params(dw, db)
```

相信读者已经体会到了，软件开发的过程是逐步积累的过程，在高质量设计的前提下，每一步仅需对已有的代码进行少量的调整，即可扩展原有代码的功能。

8.5.8　测试 MLPClassifier 类

代码实现一个函数通常应包含对该函数的测试。同样，代码实现一个类通常应包含对该类的测试。以下代码使用 8.1.2 小节定义的逻辑异或数据集测试 MLPClassifier 类。

```
x_train = np.array([[0,0],[0,1],[1,0],[1,1]])
y_train = np.array([0,1,1,0])
np.random.seed(0)
classifier = MLPClassifier(.1, 10000)
classifier.fit(x_train, y_train, 1,1,1)
```

为了方便读者复现，上述代码中包含随机种子 np.random.seed(2021)，成功复现后，修改或删除即可。

代码运行结果如下：

```
model is ready after 4725 epoch(s)
model trained 1.82896 s
train accuracy: 1.0
```

以下代码用于查看该实例输出层的权值。

```
classifier.model_w2
```

代码运行结果如下：

```
array([[ 1.01489726],
       [-0.91434342]])
```

回顾 8.5.2 小节的内容可知，正态分布随机化通常可以提升多层神经网络模型的性能。以下代码用于对比不同的随机化方式。

```
np.random.seed(0)
w1 = np.random.uniform(size=(n_0, n_1))
w2 = np.random.uniform(size=(n_1, n_2))
classifier = MLPClassifier(.1, 10000, model_w1=w1, model_w2=w2)
classifier.fit(x_train, y_train, 1,1,1)
```

需要说明的是，上述代码复用了 8.4 节中 n_0、n_1 和 n_2 的定义。

代码运行结果如下：

```
model trained 4.31847 s
train accuracy: 0.75
```

可以看到，经过 10 000 个迭代周期后，模型的准确率依然没有达到 100%。相比之下，上例中的模型具有更好的性能，而二者的区别仅在于随机化方式的不同。

需要说明的是，本小节中的两个示例均与 8.4 节中所得的模型参数不同。请读者练习：基于 8.5 节实现的 MLPClassifier 类复现 8.4 节所得的模型参数。

为了演示单层神经网络的局限性，8.1 节引入了一个新的数据集，即逻辑异或数据集（xor 数据集）。本节测试了 MLPClassifier 类在 xor 数据集上的性能表现。请读者练习：基于 8.5 节实现的 MLPClassifier 类，测试两层神经网络模型在简化版 MNIST 数据集上的性能表现。

8.6　小结与补充说明

在第 7 章的基础上，本章介绍了两层神经网络的前向传播与返向传播。为方便理解，隐层与输出层均使用了 sigmoid 作为激活函数，除此之外，ReLU 也是常用的激活函数。

为了演示单层神经网络的局限性，8.1 节引入了一个新的数据集，即逻辑异或数据集（xor 数据集）。

8.3 节中的讨论均以 $\dfrac{\mathrm{d}f(t)}{\mathrm{d}t}$ 表示函数 $f(t)$ 对 t 的导数、偏导或梯度。使用这种表述方式的原因已经在 4.5 节和 4.9 节中进行了说明，这里不再赘述。

需要说明的是，尽管 8.3 节在介绍对象时参考了 4.4 节和 4.5 节的内容，但它们的意思完全不同。4.5 节讨论的对象为对数几率回归模型，属于单层神经网络，而本章讨论的对象为两层神经网络。

计算图以可视化的方式展示了数据和运算之间的关系与方向。因此严谨地说，图 8-9 和图 8-10 并非完整的计算图，而是计算图的简化。

本章的练习参考答案与示例代码请参考代码包中的 ch08.ipynb 文件。

第 9 章　多层神经网络

【学习目标】

- 进一步理解并掌握多层神经网络算法思想；
- 进一步理解并掌握二维数组运算；
- 进一步理解并掌握前向传播与反向传播算法思想；
- 进一步理解并掌握代码复用技术；
- 进一步理解并掌握神经网络相关的数学表达所使用的记号。

9.1　多层感知机部分记号说明

回顾第 8 章的内容可以发现，尽管 $n^{[0]}$ 值不同，两个模型（图 8-2 与图 8-12）输入层连接隐层的权值矩阵 $\boldsymbol{W}^{[1]}$ 的形状均可表示为 $(n^{[0]}, n^{[1]})$。记号（notation）n 的右上角角标方括号[0]表示模型输入层，方括号[1]表示模型隐层。可以想到，该权值矩阵将一个形状为 $(m, n^{[0]})$ 的矩阵映射为形状为 $(m, n^{[1]})$ 的矩阵；偏置量与激活函数不改变形状，因而该模型的第 1 层输入 $(m, n^{[0]})$ 输出 $(m, n^{[1]})$；同样，该模型的第 2 层输入 $(m, n^{[1]})$ 输出 $(m, n^{[2]})$。由于该模型是两层神经网络，因而该模型的第 2 层即是其输出层，如图 9-1 所示。

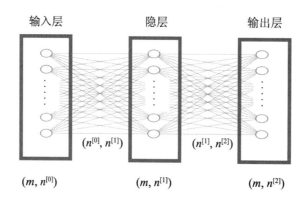

图 9-1　一个两层神经网络架构

需要说明的是，图 9-1 所示的神经网络架构并未假定输出层神经元数目为 1。若任务需求为十分类，如 MNIST，则输出层神经元数目应为 10。因此，输出层神经元数目由实际项目需求决定，并非总是 1。

容易想到，当隐层数目增加时，上述记号可推广为：模型的第 L 层输入(m, n$^{[L-1]}$)输出(m, n$^{[L]}$)，模型的第 L 层即是其输出层。若任务需求为二分类，如简化版 MNIST，则 n$^{[L]}$=1；若任务需求为三分类，如原始版 iris，则 n$^{[L]}$=3；若任务需求为十分类，如原始版 MNIST，则 n$^{[L]}$=10。

在用数学表达形式给出某一函数的定义时，分号 ";" 用来标识函数的参数，即紧随 ";" 之后的记号表示该函数的参数。例如 f(x; w, b)，表示函数 f(x)以 x 为自变量，该自变量由参数 w、b 确定。

于是，第 8 章的两个模型均可以用 f$^{[2]}$(f$^{[1]}$(x; W$^{[1]}$, b$^{[1]}$); w$^{[2]}$, b$^{[2]}$)表示。其中：f$^{[1]}$表示第 1 层，即隐层的激活函数；f$^{[2]}$表示第 2 层，即输出层的激活函数。为方便理解，第 8 章中的 f$^{[2]}$与 f$^{[1]}$均为 sigmoid 函数。需要说明的是，通常情况下，现代深度神经网络默认使用 ReLU 作为隐层激活函数，根据输出不同，输出层激活函数可能是 sigmoid 和 softmax 或其他函数。在实践中，隐层激活函数常常与输出层激活函数不同。

f$^{[i]}$也用于表示第 i 层神经网络，f(x) = f$^{[2]}$(f$^{[1]}$(x))，表示模型第 1 层以 f$^{[1]}$以 x 为输入，输出 **a**$^{[1]}$；模型第 2 层以 f$^{[2]}$以 **a**$^{[1]}$为输入，输出 **a**$^{[2]}$。在该例中，f$^{[2]}$位于最外层（或称最后一层），表示输出层。

若隐层的数目增加至 2，则有 f(x) = f$^{[3]}$(f$^{[2]}$(f$^{[1]}$(x)))，等号左边的 f 表示整个模型，等号右边的 3 个 f 分别对应一个输出层与两个隐层。在该例中，f$^{[3]}$位于最外层，表示输出层。可以发现，记号 f$^{[3]}$(f$^{[2]}$(f$^{[1]}$(x)))体现了神经网络逐层复合的链式结构（connected in a chain），这样的结构称为多层感知机（multilayer perceptron，MLP），亦称前馈神经网络（feedforward neural network）或深度前馈网络（deep feedforward network）。

9.2　重构多层神经网络

第 8 章介绍了两层神经网络的数学表达与代码实现，本节将在第 8 章的基础上对实现代码稍做调整，以适用于 L 层神经网络，其中，L 为大于 0 的整数。

9.2.1　参数初始化

以下代码用于初始化两层神经网络模型参数。

```
n_0, n_1, n_2 = 2,3,1
w1 = np.random.random((n_0, n_1))
b1 = np.zeros((1, n_1))
w2 = np.random.random((n_1, n_2))
b2 = np.zeros((1, n_2))
print('w1.shape:', w1.shape)
print('b1.shape:', b1.shape)
print('w2.shape:', w2.shape)
print('b2.shape:', b2.shape)
```

其中，n_0 为特征数目，n_1 为隐层单元数目，n_2 为输出层单元数目。运行结果如下：

```
w1.shape: (2, 3)
b1.shape: (1, 3)
w2.shape: (3, 1)
b2.shape: (1, 1)
```

将以上代码封装为 initialize_params(layers)函数，代码如下：

```
def initialize_params(layers):
    L = len(layers)-1
    weights_bias=[]
    for i in range(L):
        weights = np.random.random((layers[i], layers[i+1]))
        bias = np.zeros((1, layers[i+1]))
        weights_bias.append([weights, bias])
    return weights_bias
layers = [2,3,1]
weights_bias=initialize_params(layers)
```

函数参数 layers 用于指定每层含有的神经元数目，示例代码为[2,3,1]，即输入层神经元数目 n_0=2，隐层神经元数目 n_1=3，输出层神经元数目 n_2=1。函数返回值类型为 Python 列表。可以通过如下代码访问。

```
for params in weights_bias:
    print('weight:', params[0].shape)
    print('bias:', params[1].shape)
```

在本例中，列表 weights_bias 含有两个元素，每个元素是一个内层 list，按顺序存储了 w 与 b，代码运行结果如下：

```
weight: (2, 3)
bias: (1, 3)
weight: (3, 1)
bias: (1, 1)
```

参数形状与上例相同。

由此可知，通过传参 layers，可以方便地设置指定层的神经元数目。以下代码用于构建与 8.4 节相同架构的神经网络。

```
layers = [2,2,1]
weights_bias=initialize_params(layers)
for params in weights_bias:
```

```
print('weight:', params[0].shape)
print('bias:', params[1].shape)
```

需要注意的是，每次调用 initialize_params()函数后即返回一组新的模型参数。代码运行结果如下：

```
weight: (2, 2)
bias: (1, 2)
weight: (2, 1)
bias: (1, 1)
```

结果显示与 8.4 节构建的模型参数形状相同。

通过增加或减少参数 layers 中的元素，可以相应地增加或减少模型的层数。以下代码构建了一个单层神经网络。

```
layers = [2,1]
weights_bias_21=initialize_params(layers)
for params in weights_bias_21:
    print('weight:', params[0].shape)
    print('bias:', params[1].shape)
```

当这个单层神经网络使用 sigmoid 函数作为激活函数时，其模型即为对数几率回归模型。代码运行结果如下：

```
weight: (2, 1)
bias: (1, 1)
```

需要注意的是，当描述模型为 L 层时，不计算输入层；而 Python 变量 layers 包含输入层，因此 initialize_params(layers)函数在计算 L 时需要将 len(layers)减 1。

9.2.2　前向传播

回顾 8.2 节与 8.4 节的内容可知，以下代码可用于两层神经网络模型的前向传播，并缓存两层的激活函数值 a_1、a_2。

```
a0 = x_xor
z1 = np.dot(a0, w1) + b1
a1 = sigmoid(z1)
z2 = np.dot(a1, w2) + b2
a2 = sigmoid(z2)
```

上述代码将变量名 a0 指向训练集特征 x_xor。可以发现，第 1 层（即隐层）与第 2 层（即输出层）的线性输出与激活函数输出均可复用。因此可以将上述计算代码封装为函数 forward_propagation()，代码如下：

```
def forward_propagation(x, weights_bias):
    a_cache = []
    L = len(weights_bias)
    a = x
    a_cache.append(a)
```

```
    for i in range(L):
        z = np.dot(a, weights_bias[i][0]) + weights_bias[i][1]
        a = 1 / (1 + np.exp(-z)) # sigmoid
        a_cache.append(a)
    return a_cache
```

每次调用 forward_propagation()时，该函数即进行 L 次 z 值及 a 值计算。在本例中 L=2，表示两层神经网络，因此该函数的 1 次调用计算 2 个 a 值，分别对应第 1 层与第 2 层的激活函数值 $a^{[1]}$ 与 $a^{[2]}$。Python 变量 a-cache 为列表类型，按顺序存储了特征 x、第 1 层激活函数值 a1、第 2 层激活函数值 a2。for 循环结束后，forward_propagation()函数返回 a-cache，用于计算梯度。

以下代码用于查看 forward_propagation()返回值中元素的形状。

```
for activation in a_cache:
    print('activation.shape:', activation.shape)
```

由于本例中的模型与 8.4 节的模型架构相同，因此上述代码将输出 3 行，分别对应模型的输入、隐层与输出。代码运行结果如下：

```
activation.shape: (4, 2)
activation.shape: (4, 2)
activation.shape: (4, 1)
```

代码运行结果与 8.4 节一致，即训练包含 m=4 个样本，每个样本由 n_0=2 个特征来表示，分别对应输入层的两个神经元，隐层包含 n_1=2 个神经元，输出层包含 n_2=1 个神经元。

本例与 8.4 节的不同之处在于，forward_propagation()会自动适配模型架构。当模型 L=1 时，该函数与对数几率模型的输出一致。

以 9.2.1 小节的返回值 weights_bias_21 为参数，调用 forward_propagation()，代码如下：

```
a_cache_21 = forward_propagation(x_xor, weights_bias_21)
for activation in a_cache_21:
    print('activation.shape:', activation.shape)
```

与上例相同的是 m=4，因此本例输出为(4, n_0)；与上例不同的是，本例的模型只含有一层，即输出层。代码运行结果如下：

```
activation.shape: (4, 2)
activation.shape: (4, 1)
```

在架构为[2, 1]的模型中，forward_propagation()返回值包含训练集特征 x_xor 与输出层 a1。在本例中，n_0=2 表示输入层神经元数目，n_1=1 表示输出单元数目。

9.2.3 反向传播参数更新

回顾 8.3 节与 8.4 节的内容可知，以下代码可用于两层神经网络模型的反向传播，即

计算每层 w、b 的梯度。

```
da2 = -y/yhat + (1-y)/(1-yhat)

dz2 = da2 * (a2 * (1 - a2))
dw2 = np.dot(a1.T, dz2)/m
db2 = np.mean(dz2, axis=0, keepdims=True)
da1 = np.dot(dz2, w2.T)

dz1 = da1 * (a1 * (1 - a1))
dw1 = np.dot(a0.T, dz1)/m
db1 = np.mean(dz1, axis=0, keepdims=True)
```

其中，dz2 的计算与 8.3 节和 8.4 节略有不同。在 8.3 节和 8.4 节中直接使用了 8.3.1 小节中的数学表达；而上述代码则是分别计算 da2 与 dz2，然后再将二者的计算结果相乘。两种方式的计算结果相同，而后者使 dz2 的计算得以纳入循环，代码如下：

```
learning_rate = .1
def backward_propagation(y, a_cache, weights_bias):
    L = len(weights_bias)
    m = len(y)
    yhat = a_cache[-1]
    da = -y/yhat + (1-y)/(1-yhat)
    for i in reversed(range(L)):
        dz = da*(a_cache[i+1]*(1-a_cache[i+1]))
        dw = np.dot(a_cache[i].T, dz)/m
        db = np.mean(dz, axis=0, keepdims=True)
        da = np.dot(dz, weights_bias[i][0].T)
        weights_bias[i][0] -= dw * learning_rate
        weights_bias[i][1] -= db * learning_rate
    return weights_bias
```

其中：L 表示模型层数；yhat 表示输出层激活函数值，当模型为单层神经网络时，yhat=a1，当模型为两层神经网络时，yhat=a2；y 表示数据集标签；reversed()对给定的类迭代器 Citerator_like，如 range.list()的 Python 对象返回倒序的 iterator。以下通过代码演示 range(2)与 reversed(range(2))的不同之处。

```
print('range(2)')
for i in range(2):
    print(i)
print('reversed(range(2))')
for i in reversed(range(2)):
    print(i)
```

代码运行结果如下：

```
range(2)
0
1
reversed(range(2))
1
0
```

可以发现，当使用 reversed(range(2))时，循环从 1 开始，至 0 结束，符合返回传播的顺序，即由模型的最后一层至第 1 层。

backward_propagation()用于计算给定的 weights_bias 的梯度、更新参数并返回更新后的参数列表。

将 9.2.1 小节得到的 weights_bias 与 9.2.2 小节得到的 a_cache 作为参数，然后调用 backward_propagation()函数，代码如下：

```
weights_bias = backward_propagation(y_xor, a_cache, weights_bias)
```

其中，y_xor 复用了 8.4 节中的定义。

以下代码可以查看返回值的形状。

```
for params in weights_bias:
    print('weight:', params[0].shape)
    print('bias:', params[1].shape)
```

上述代码与 9.2.1 小节中的对应代码完全一致，运行结果如下：

```
weight: (2, 2)
bias: (1, 2)
weight: (2, 1)
bias: (1, 1)
```

backward_propagation()函数亦可直接用于更新 weights_bias_21。请读者练习：使用合适的参数调用 backward_propagation()更新参数 weights_bias_21。

9.2.4 测试新版本

在 9.2.1 小节至 9.2.3 小节的基础上，循环调用 backward_propagation()与 forward_propagation()，实现模型训练。代码如下：

```
np.random.seed(0)
layers = [2,2,1]
weights_bias=initialize_params(layers)
for i in range(10000):
    a_cache = forward_propagation(x_xor, weights_bias)
    weights_bias = backward_propagation(y_xor, a_cache, weights_bias)
a_cache[-1]
```

回顾 9.2.2 小节的内容可知，forward_propagation()的返回值为 Python list（列表）类型，该 list 中的最后一个元素为模型输出层激活函数值，即模型对给定的特征 x_xor 做出的概率化测试。最后一行代码用于查看该值。

由于模型为两层神经网络，因此上述代码等效于 a_cache[2]，代码运行结果如下：

```
array([[0.02008631],
       [0.98416976],
       [0.9841671 ],
       [0.01755202]])
```

对特征[0, 0]，模型的预测值为 0（0.02008631＜0.5）；对特征[0, 1]，模型的预测值为

1（0.98416976＞0.5）；对特征[1, 0]，模型的预测值为 1（0.9841671＞0.5）；对特征[1, 1]，模型的预测值为 0（0.01755202＜0.5）。由此说明，该模型的预测完全符合 8.1.2 小节给出的异或运算真值表。

以下代码用于查看模型学习到的参数，方便后续章节对比复现。

```
weights_bias[1][0]
```

上述代码用于查看该模型的第 2 层即输出层的权值向量。代码运行结果如下：

```
array([[-10.31032451],
       [  9.60883646]])
```

以下代码复用了 LogisticRegression 类 predict()方法的部分逻辑，用于将给定的概率转换为二进制，即 0 或 1。

```
def predict(a):
    a = a >= 0.5
    return np.squeeze(1*a)
```

以列表 a_cache 的最后一个元素为参数，调用 predict(a)，代码如下：

```
predict(a_cache[2])
```

代码运行结果如下：

```
array([0, 1, 1, 0])
```

结果完全符合 8.1.2 小节给出的异或运算真值表。

当模型训练完成后，本小节只查看了其第 2 层权值向量。请读者练习：查看该模型的第 1 层权值向量。

9.3　重构 MLPClassifier 类

在 9.2 节中我们以函数的形式将两层神经网络扩展为 L 层神经网络，本节将在此基础上重构 MLPClassifier 类，使其可用于构建 L 层神经网络，L 为大于 0 的整数。

9.3.1　构造器__init__()

回顾 9.2.1 小节的内容可知，L 层神经网络的层数与各层神经元数目均是可变的，因此固定的以 n_0、n_1、n_2 为参数不再适用，需要调整为以下代码：

```
class MLPClassifier:
    def __init__(self, learning_rate=.05, epochs=10,
                 layers=[], weights_bias=[]):
        self.learning_rate = learning_rate
        self.epochs = epochs
```

```
    self.layers = layers
    self.weights_bias = weights_bias
```

其中，参数 layers 为一个 Python 列表，列表的长度 len(layers)=L+1。例如，两层神经网络的 len(layers)=3，单层神经网络的 len(layers)=2。

若调用者指定了模型参数初始值，则应确保其结构与 layers 相匹配。例如，指定一个实例的模型架构为[2, 2, 1]，则 weights_bias 应包含第 1 层权值、第 1 层偏置量、第 2 层权值及第 2 层偏置量，并且各层的权值、偏置量的形状与 layers 中的指定值相匹配。为突出重点，在上述代码中并未加入这个判断条件。在实际项目中应包含相关的判断逻辑。

9.3.2 参数初始化 initialize_params()

将 9.2.1 小节中的 initialize_params()函数稍做调整后作为新的 initialize_params()方法。代码如下：

```
def initialize_params(self):
    if len(self.weights_bias)==0:
        layers = self.layers
        L = len(layers)-1
        for i in range(L):
            weights = np.random.normal(0, .1, (layers[i], layers[i+1]))
            bias = np.zeros((1, layers[i+1]))
            self.weights_bias.append([weights, bias])
```

可以发现，模型以均值 0、标准差 0.1 对权值进行正态分布随机初始化，偏置量初值为 0.0。

需要说明的是，该方法应用提供更灵活的控制，如指定某一层的权值、偏置量。为突出重点，本例中简化了该实现，在实际项目中可以根据需要增加相关处理逻辑。

9.3.3 前向传播 forward_propagation()

结合 9.2.2 小节与 8.5 节的内容，可以得到新的 forward_propagation()方法，代码如下：

```
def forward_propagation(self, x):
    a_cache = []
    weights_bias = self.weights_bias
    L = len(weights_bias)
    a = x
    a_cache.append(a)
    for i in range(L):
        z = np.dot(a, weights_bias[i][0]) + weights_bias[i][1]
        a = 1 / (1 + np.exp(-z)) # sigmoid
        a_cache.append(a)
    return a_cache
```

需要说明的是，尽管新的 forward_propagation()方法的返回值中含有模型输出层激活函数值，但是需要通过 a_cache[-1]获取，而非直接使用，如 a_cache>= 0.5。以下代码演示了 forward_propagation()方法的错误使用方式：

```
np.random.seed(0)
classifier = MLPClassifier(layers=[2,2,1])
classifier.initialize_params()
a_cache = classifier.forward_propagation(x_xor)
if(a_cache>= 0.5):
    print(1)
```

代码运行结果如图 9-2 所示。

```
-----------------------------------------------------------------------
TypeError                                 Traceback (most recent call last)
<ipython-input-44-4639f685a1b4> in <module>()
      3 classifier.initialize_params()
      4 a_cache = classifier.forward_propagation(x_xor)
----> 5 if(a_cache>= 0.5):
      6     print(1)

TypeError: '>=' not supported between instances of 'list' and 'float'
```

图 9-2　直接使用 a_cache 作为判断条件所引发的异常

以下代码用于查看 forward_propagation()方法的返回值。

```
for i in a_cache:
    print(i)
```

可以想到，由于实例的模型架构为[2, 2, 1]，因此在 a_cache 中含有 3 个元素，分别表示特征 x、隐层输出 a1 及输出层 a2，形状分别为(m, 2)、(m, 2)、(m, 1)，其中 m 表示数据集的样本数目。

代码运行结果如下：

```
(4, 2)
[[0 0]
 [0 1]
 [1 0]
 [1 1]]
(4, 2)
[[0.5        0.5       ]
 [0.52055082 0.52875245]
 [0.51598765 0.50072607]
 [0.53649051 0.52947606]]
(4, 1)
[[0.48820176]
 [0.48710787]
 [0.48895828]
 [0.48786206]]
```

9.3.4　反向传播参数更新

回顾 9.2.3 小节的内容可知，通过 for 循环可以依次从最后一层反向计算梯度并更新该层的模型参数，因此需要将梯度计算与参数更新合并。同样，方法名应改为 backprop_update()。代码如下：

```
def backprop_update(self, y, a_cache):
    learning_rate = self.learning_rate
    weights_bias = self.weights_bias
    L = len(weights_bias)
    m = len(y)
    yhat = a_cache[-1]
    da = -y/yhat + (1-y)/(1-yhat)
    for i in reversed(range(L)):
        dz = da*(a_cache[i+1]*(1-a_cache[i+1]))
        dw = np.dot(a_cache[i].T, dz)/m
        db = np.mean(dz, axis=0, keepdims=True)
        da = np.dot(dz, weights_bias[i][0].T)
        weights_bias[i][0] -= dw * learning_rate
        weights_bias[i][1] -= db * learning_rate
```

backprop_update()方法以训练集标签 y 和 forward_propagation()方法的返回值 a_cache 作为参数，而参数更新的步骤在该方法内完成，因此无须返回值。

需要注意的是，参数 y 可能含有一个样本，也可能含有多个样本，由 fit()方法中的 batch_size 参数决定。

9.3.5 模型输出

回顾 9.3.3 小节的内容可知，在 forward_propagation()方法的返回值中，a_cache 的最后一个元素为模型的输出层激活函数值。activation()方法调整如下：

```
def activation(self, x):
    a_cache = self.forward_propagation(x)
    return a_cache[-1]

def predict(self, x):
    a = self.activation(x) >= 0.5
    return np.squeeze(1*a)

def evaluate(self, x, y):
    y = np.asarray(y)
    acc = np.count_nonzero(np.squeeze(self.predict(x)) == np.squeeze(y))/
len(y)
    return acc
```

对比 8.5.5 小节的例子可知，evaluate()方法调用了 predict()方法，而 predict()方法调用了 activation()方法。将 8.5 节实现的 MLPClassifier 类扩展为 9.3 节 L 层神经网络时，仅需要调整 activation()方法，而 predict()和 evaluate()方法则无须改动，体现了代码的复用性与扩展性。

9.3.6　模型启动训练 fit()

回顾 9.3.3 小节和 9.3.4 小节的例子可知，由于相关方法实现发生了变化，所以 fit()方法中的相关代码也需要进行调整，即将以下代码：

```
a_cache = self.forward_propagation(x[batch])
self.backprop_update(y[batch], a_cache)
```

替换为以下代码：

```
else:
    a1, a2 = self.forward_propagation(x[batch])
    dw1, db1, dw2, db2 = self.backward_propagation(x[batch],
y[batch], a1, a2)
    self.update_params(dw1, db1, dw2, db2)
```

上述改动再一次体现了代码的复用性与扩展性，在原有代码的基础上进行少量的改动即可扩展其功能。

新的 fit()方法的完整代码如下：

```
def fit(self, x, y, batch_size=1, early_stop=False, verbose=False):
    y = np.asarray(y)
    # 样本数目
    m = len(x)
    self.batch_size = batch_size
    self.n_0 = x.shape[-1]
    self.initialize_params()
    idx = np.arange(m)
    start_time = time.time()
    for epoch in range(self.epochs):
        m_correct = 0
        np.random.shuffle(idx)
        # 使用 int() 确保训练集的样本数量不能被 batch_size 整除时返回整数
        m_batches = int(len(x)/batch_size)
        # idx[:batch_size*n_batches] 确保传参的数组长度可以被 batch_size 整除
        batches = np.split(idx[:batch_size*m_batches], m_batches)
        for batch in batches:
            if(early_stop and int(self.evaluate(x[batch], y[batch]))):
                m_correct+=1
            else:
                a_cache = self.forward_propagation(x[batch])
                self.backprop_update(y[batch], a_cache)
        if(early_stop and m_correct==m_batches):
            if(verbose):
                print('model is ready after {} epoch(s)'.format(epoch))
            break
    if(verbose):
        print('model trained {:.5f} s'.format(time.time() - start_time))
        print('train accuracy:', self.evaluate(x, y))
```

9.3.7　测试 MLPClassifier 类

通过代码方式实现一个函数的功能时通常应包含对该函数的测试，同样，通过代码方式实现一个类时通常也应包含对该类的测试。

以下代码用于复现 9.2.4 小节的测试结果。

```
np.random.seed(0)
n_0, n_1, n_2 = 2,2,1
w1 = np.random.random((n_0, n_1))
b1 = np.zeros((1, n_1))
w2 = np.random.random((n_1, n_2))
b2 = np.zeros((1, n_2))
weights_bias=[[w1,b1],[w2,b2]]
classifier = MLPClassifier(.1, 10000, layers=[2,2,1], weights_bias=
weights_bias)
classifier.fit(x_xor, y_xor, 4,0,1)
```

MLPClassifier 类默认使用正态分布随机初始化，而 9.2.4 小节使用的则是均匀分布（continuous uniform）。为复现 9.2.4 小节的结果，需要调用者显式地指定参数初始值，即设置种子 seed(0)，调用 np.random.random()生成权值初始值。

代码运行结果如下：

```
model trained 1.83481 s
train accuracy: 1.0
array([[0.02008313],
       [0.98417255],
       [0.98416989],
       [0.01754875]])
```

结果与 9.2.4 小节的结果精准一致。

还可以进一步通过查看模型学习到的参数与 9.2.4 小节的结果进行对比。代码如下：

```
classifier.weights_bias[1][0]
```

与 9.2.4 小节相同，上述代码用于查看模型的第 2 层，即输出层的权值向量。

代码运行结果如下：

```
array([[-10.31032451],
       [  9.60883646]])
```

结果与 9.2.4 小节的结果精准一致。

模型训练完成后，本小节只查看了其第 2 层权值向量。请读者练习：查看该模型的第 1 层权值向量。

9.3.8　修复 MLPClassifier 类

基于当前版本的 MLPClassifier 类实现，可以通过两种方式查看模型学习到的参数。

9.3.7 小节中使用的是实例.属性的方式，除此之外还可以通过以下代码进行查看。

```
weights_bias[1][0]
```

即为实例化传参而创建的局部变量。代码运行结果如下：

```
array([[-10.31032451],
       [  9.60883646]])
```

结果与 9.2.4 小节和 9.3.7 小节的结果精准一致。

当模型完成训练后，所创建的这个变量可能会用于其他业务逻辑中，若修改了该变量的值，则可能会影响模型的性能。代码如下：

```
np.random.seed(0)
weights_bias[1][0] = np.random.random((n_1, n_2))
weights_bias[1][0]
```

上述代码重新随机化这个局部变量。代码运行结果如下：

```
array([[0.5488135 ],
       [0.71518937]])
```

此时，再次调用模型的 activation()方法，代码如下：

```
classifier.activation(x_xor)
```

代码运行结果如下：

```
array([[0.01262057],
       [0.02515783],
       [0.02515682],
       [0.03945733]])
```

对比 9.2.4 小节和 9.3.7 小节的结果可以发现，此时模型受到了影响。可能的原因之一是模型的参数发生了变化。可以通过以下代码来验证这个猜测。

```
classifier.weights_bias[1][0]
```

代码运行结果如下：

```
array([[0.5488135 ],
       [0.71518937]])
```

可以看到，此时模型参数与重新初始化的局部变量 weights_bias 相同，验证了上述猜测。局部变量 weights_bias 的变化引起模型参数发生了同样变化，很可能是因为二者指向相同。我们通过以下代码来验证这个猜测。

```
id(classifier.weights_bias) == id(weights_bias)
```

回顾 5.3.1 小节的内容可知，id(v)可以查看指定 Python 变量 v 的内存标识（identity），因此上述代码用于比较二者指向的内存标识。代码运行结果如下：

```
True
```

结果验证了上述猜测。

产生上述问题的原因是 Python 列表默认使用浅拷贝（shallow copy）。为解决该问题，需要调用 copy.deepcopy()执行深拷贝（deep copy）。代码如下：

```
class MLPClassifier:
    def __init__(self, learning_rate=.05, epochs=10,
                layers=[], weights_bias=[]):
        self.learning_rate = learning_rate
        self.epochs = epochs
        self.layers = layers
        self.weights_bias = copy.deepcopy(weights_bias)
```

9.3.9 测试修复

再次创建新的实例，代码如下：

```
np.random.seed(0)
n_0, n_1, n_2 = 2,2,1
w1 = np.random.random((n_0, n_1))
b1 = np.zeros((1, n_1))
w2 = np.random.random((n_1, n_2))
b2 = np.zeros((1, n_2))
weights_bias=[[w1,b1],[w2,b2]]
classifier = MLPClassifier(.1, 10000, layers=[2,2,1], weights_bias=
weights_bias)
classifier.fit(x_xor, y_xor, 4,0,1)
classifier.activation(x_xor)
```

代码运行结果如下：

```
model trained 1.43574 s
train accuracy: 1.0
array([[0.02008313],
       [0.98417255],
       [0.98416989],
       [0.01754875]])
```

结果与 9.2.4 小节和 9.3.7 小节的结果精准一致。

查看模型学习到的参数，代码如下：

```
classifier.weights_bias[1][0]
```

代码运行结果如下：

```
array([[-10.31032451],
       [ 9.60883646]])
```

结果与 9.2.4 小节和 9.3.7 小节的结果精准一致。

重新随机化该局部变量 weights_bias，代码如下：

```
np.random.seed(0)
weights_bias[1][0] = np.random.random((n_1, n_2))
weights_bias[1][0]
```

代码运行结果如下：

```
array([[0.5488135 ],
```

```
        [0.71518937]])
```

再次查看模型学习到的参数，代码如下：

```
classifier.weights_bias[1][0]
```

代码运行结果如下：

```
array([[-10.31032451],
        [  9.60883646]])
```

可以看到，此时模型参数未受到重新随机化局部变量 weights_bias 的影响。

以上代码仅仅查看了模型参数。请读者练习：（1）比较模型参数与局部变量 weights_bias 的内存标识；（2）查看该模型的概率化输出；（3）使用默认方式初始化模型参数，以 batch_size=1, early_stop=True 方式训练模型并查看新模型的参数。

9.4　使用 TensorFlow 实现多层神经网络

在 9.3 节中我们重构了 MLPClassifier 类，并以异或问题对其进行了测试。本节将通过 TensorFlow 构建并训练一个神经网络模型，以实现相同的效果。

9.4.1　使用 TensorFlow 解决异或问题

自己动手实现多层神经网络，有利于理解其工作原理。使用 TensorFlow 可以让我们的模型更具扩展性。以下代码使用 tf.keras.models.Sequential() 构建两层神经网络，解决异或（XOR）问题。

```
import tensorflow as tf
import numpy as np

x_xor = np.array([[0,0],[0,1],[1,0],[1a,1]], dtype=np.float32)
y_xor = np.array([0,1,1,0], dtype=np.float32).reshape(-1, 1)

optimizer = tf.keras.optimizers.SGD(
    learning_rate=0.1, name='SGD'
)

model = tf.keras.Sequential([
  tf.keras.layers.Dense(2, activation=tf.nn.sigmoid),
  tf.keras.layers.Dense(1, activation=tf.nn.sigmoid)
])

def custom_loss(y,a):
    loss = -(y*tf.math.log(a) + (1-y)*tf.math.log(1-a))
    return loss
```

```
model.compile(loss=custom_loss,
              optimizer=optimizer,
              metrics=['accuracy'])

model.fit(x_xor, y_xor, epochs=9999, batch_size=4, verbose=0)

model.predict(x_xor)
```

其中，变量 optimizer 指向由 tf.keras.optimizers.SGD()构建的优化器（optimizer），其使用 SGD 法更新模型参数，学习率为 0.1。

回顾 7.3 节的内容可知，调用 tf.keras.Sequential()时传参一个 Python 列表可用于构建一个神经网络模型。在本例中，参数 list 包含两个元素，即两层神经网络，按顺序分别为隐层、输出层。其中，隐层含有两个神经元，输出层含有一个神经元，激活函数均为 sigmoid。

回顾 5.2 节和 5.3 节可知的内容，自定义函数 custom_loss()作为参数时，表示由用户（如算法工程师）指定的损失函数，即 model.compile()中的 loss 参数。

model.fit()指定了模型的训练集，epochs、batch_size，在本例中，迭代周期与迭代次数相等，因为 batch_size=4，而训练集样本数目也为 4，即一次迭代学习全部样本。其他情况下（如 MNIST）模型训练迭代周期通常与迭代次数不等，verbose=0 表示训练过程信息不打印。

model.predict(x_xor)表示结果调用训练好的模型进行预测。需要说明的是，在不同系统或同一系统中多次运行上述代码，输出结果可能均不相同，但相应的概率范围（＞0.5或＜0.5）通常会保持一致，即，对特征[0, 0]，模型输出小于 0.5 的概率，对特征[0, 1]，模型输出大于 0.5 的概率，对特征[1, 0]，模型输出大于 0.5 的概率，对特征[1, 1]，输出小于 0.5 的概率。代码运行结果如下：

```
array([[0.03950402],
       [0.9509623 ],
       [0.94797647],
       [0.03447992]], dtype=float32)
```

结果与 9.2.4 小节和 9.3.2 小节的结果一致。

9.4.2 使用 TensorFlow 验证 MLPClassifier 类

对 9.4.1 小节中的代码稍作调整，可用于验证 9.3 节中实现的 MLPClassifier 类。代码如下：

```
initializer = tf.keras.initializers.Constant(.5)

optimizer = tf.keras.optimizers.SGD(
    learning_rate=0.1, name='SGD'
)

model = tf.keras.models.Sequential([
```

```
  tf.keras.layers.Dense(2, activation=tf.nn.sigmoid, kernel_initializer=
initializer),
  tf.keras.layers.Dense(1, activation=tf.nn.sigmoid, kernel_initializer=
initializer),
])

def custom_loss(y,a):
    loss = -(y*tf.math.log(a) + (1-y)*tf.math.log(1-a))
    return loss

model.compile(loss=custom_loss,
          optimizer=optimizer,
          metrics=['accuracy'])

model.build((4, 2))

for params in model.get_weights():
    print('*'*9)
    print(params)
```

其中，变量 initializer 指向由 tf.keras.initializers.Constant 构建的初始化器（initializer），该初始化器用于模型参数初始化，参数.5 表示模型权值以 0.5 为初始值，而非默认的随机初始化。

以变量 initializer 为参数，调用 tf.keras.layers.Dense() 为其指定 kernel_initializer，表示该层权值以 0.5 为初始值，而非默认的随机初始化。

model.build((4, 2)) 指定了输入形状，即训练集形状，亦可传参(None, 2)。需要说明的是，在上述代码中，模型并未启动训练，因此需要调用 model.build() 之后才能查看其参数。

以上代码在结尾处通过循环访问模型参数。结果如下：

```
*********
[[0.5 0.5]
 [0.5 0.5]]
*********
[0. 0.]
*********
[[0.5]
 [0.5]]
*********
[0.]
```

以上结果依次表示 $W^{[1]}$、$b^{[1]}$、$w^{[2]}$、$b^{[2]}$，可以发现，每层的权值初值均为 0.5，偏置量均为 0。

以下代码设定模型训练一个 epoch 即对整个训练集学习一次，并且更新模型参数。

```
model.fit(x_xor, y_xor, epochs=1, batch_size=4, verbose=0, shuffle=False)
prediction_tf = model.predict(x_xor)
prediction_tf
```

shuffle=False 表示不对训练集中的样本进行乱序处理。可以想到，仅迭代一次的模型可能无法做出正确预测。代码运行结果如下：

```
array([[0.6166595 ],
       [0.6446179 ],
       [0.6446179 ],
       [0.66863424]], dtype=float32)
```

需要注意的是，在不同系统或同一系统上多次运行上述代码，输出结果均应相同。因为在本例中，模型参数的初始值是确定的，因而梯度及更新后的参数也是确定的，同样，模型激活函数的输出值也是确定的。

需要说明的是，本例中即使未指定 shuffle=False，结果也是相同的。因为本例中的 batch_size 与训练集样本数目相等，即一次迭代学习全部样本。当模型学习其他数据集如 MNIST 或 iris 时，若 batch_size 与训练集样本数目不等，则参数 shuffle=False 可以帮助我们获得确定的结果，方便调试与复现。

以下代码实例化 MLPClassifier 类并对 xor 数据集学习一个 epoch，模型参数与上例相同，以便获得确定的计算结果。

```
layers = [2,2,1]
weights_bias = []
for i in range(2):
    weights = np.full((layers[i], layers[i+1]), .5)
    bias = np.zeros((1, layers[i+1]))
    weights_bias.append([weights, bias])
classifier_xor = MLPClassifier(.1, 1, layers, weights_bias)
classifier_xor.fit(x_xor, y_xor, batch_size=4, verbose=False)
prediction_mlp = classifier_xor.activation(x_xor)
prediction_mlp
```

需要说明的是，由于默认精度不同，上述代码的运行结果与 TensorFlow 的输出并非完全相同，但在指定的精度范围内相等。结果如下：

```
array([[0.61665954],
       [0.64461791],
       [0.64461791],
       [0.66863427]])
```

回顾 5.1.3 小节的内容可知，np.isclose 可用于判断两个浮点数的 array 是否相近（在指定精度下相等）。代码如下：

```
np.isclose(prediction_tf, prediction_mlp)
```

结果如下：

```
array([[ True],
       [ True],
       [ True],
       [ True]])
```

结果表示 prediction_tf 与 prediction_mlp 的默认精度相等。

于是可以确定，我们从零搭建的神经网络与 TensorFlow 的计算结果是一致的。

9.5　使用 MLPClassifier 类实现对数几率回归

MLPClassifier 类不仅可以用于构建含有一个或多个隐层的神经网络,还可用于构建不含有隐层的神经网络,即对数几率回归模型。

9.5.1　使用 LR 实现逻辑与函数

虽然对数几率回归无法解决异或问题,但可以解决其他逻辑运算问题,如逻辑与(logical AND)函数,即只有当 x_1、x_2 均为 1 时,函数 y 才输出 1,其他情况下函数 y 均输出 0,具体如下:

x_1	x_2	y
0	0	0
0	1	0
1	0	0
1	1	1

以下代码使用 7.5 节的 LogisticRegression 类实现逻辑与函数。

```
x_train = np.array([[0,0],[0,1],[1,0],[1,1]], dtype=np.float32)
y_train = np.array([0,0,0,1], dtype=np.float32).reshape(-1, 1)

w_and_gate = np.full((2, 1), .05)
classifier = LogisticRegression(.1, 200, w_and_gate)
classifier.fit(x_train, y_train, batch_size=4, verbose=1)
classifier.predict(x_train).flatten()
```

代码前两行构建了逻辑与训练集;w_and_gate 指向手动初始化的模型参数;classifier 指向模型实例;训练 200 次后,预测结果如下:

```
model trained 0.02044 s
train accuracy: 1.0
array([0, 0, 0, 1])
```

可以看到,对数几率回归可以完全正确地拟合逻辑与运算。

以下代码用于查看模型权值:

```
classifier.model_w
```

结果如下:

```
array([[1.03740346],
       [1.03740346]])
```

以下代码用于查看模型偏置量:

```
classifier.model_b
```

结果如下：

```
-1.9402623860841561
```

以下代码用于查看模型激活函数值：

```
prediction_lr = classifier.activation(x_train)
prediction_lr
```

结果如下：

```
array([[0.12561903],
       [0.28846334],
       [0.28846334],
       [0.53358548]])
```

9.5.2　使用 MLPClassifier 类实现对数几率回归

9.3 节我们实现了重构版 MLPClassifier 类，该类可用于构建 L 层神经网络，其中 L 为大于 0 的整数。当 L 为 1 时，MLPClassifier 类实例可看作一个对数几率回归模型。代码如下：

```
layers = [2,1]
L = len(layers)-1
weights_bias = []
for i in range(L):
    weights = np.full((layers[i], layers[i+1]), .05)
    bias = np.zeros((1, layers[i+1]))
    weights_bias.append([weights, bias])
classifier_mlp = MLPClassifier(.1, 200, layers, weights_bias)
classifier_mlp.fit(x_train, y_train, batch_size=4, verbose=False)
prediction_mlp = classifier_mlp.activation(x_train)
prediction_mlp
```

上述代码以固定值 0.05 初始化权值，学习率为 0.1，epochs=200，batch_size=4，与 9.5.2 小节相同。代码运行结果如下：

```
array([[0.12561903],
       [0.28846334],
       [0.28846334],
       [0.53358548]])
```

由于 prediction_mlp 与 prediction_lr 均由 NumPy 计算得出，因而可以使用以下代码判断两个数组中的元素是否相等。

```
prediction_mlp == prediction_lr
```

需要注意的是，通常情况下，判断两个浮点数或两个浮点型数组，应使用 np.isclose()。此处代码仅用于突出讲解效果。代码运行结果如下：

```
array([[ True],
       [ True],
```

```
[ True],
[ True]])
```

结果与 9.5.1 小节精准一致。

请读者练习：验证本例中的模型偏置量与 9.5.1 小节通过训练得到的偏置量是否相近（在指定精度下相等）。

9.5.3　使用 TensorFlow 验证代码实现

本小节将通过 TensorFlow 来验证 9.5.1 小节与 9.5.2 小节的代码实现。回顾 5.4 节，以下代码可用于构建一个对数几率回归模型。

```
model = tf.keras.Sequential([
  tf.keras.layers.Dense(1, activation=tf.nn.sigmoid)
])
```

可以想到，上述代码实现的模型在初始化参数时采用了随机化方式。参考 9.4.2 小节的内容，编写如下代码：

```
initializer = tf.keras.initializers.Constant(.05)

optimizer = tf.keras.optimizers.SGD(
    learning_rate=0.1, name='SGD'
)

model = tf.keras.models.Sequential([
  tf.keras.layers.Dense(1, activation=tf.nn.sigmoid, kernel_initializer=
initializer),
])

def custom_loss(y,a):
    loss = -(y*tf.math.log(a) + (1-y)*tf.math.log(1-a))
    return loss

model.compile(loss=custom_loss,
          optimizer=optimizer,
          metrics=['accuracy'])

model.fit(x_train, y_train, epochs=200, batch_size=4, verbose=0)

prediction_tf = model.predict(x_train)
prediction_tf
```

模型以固定值 0.05 初始化权值，学习率为 0.1，epochs=200，batch_size=4，均与 9.5.2 小节相同。因此可以想到，默认精度下 prediction_tf 与 prediction_lr 相等。结果如下：

```
array([[0.12561902],
       [0.28846335],
       [0.28846335],
       [0.5335855 ]], dtype=float32)
```

复用 9.4.2 小节中的方法验证 prediction_tf 与 prediction_lr 是否相近，代码如下：

```
np.isclose(prediction_tf, prediction_lr)
```

默认精度下 prediction_tf 与 prediction_lr 相等。结果如下：

```
array([[ True],
       [ True],
       [ True],
       [ True]])
```

若需要比较的两个 NumPy 数组中的元素较多，可以考虑使用 np.all()，示例代码如下：

```
np.all([True, False, True])
```

若给定类数组（array_like）中每个元素都为 True，则 np.all() 返回 True，否则返回 False。代码运行结果如下：

```
False
```

于是可以用以下代码进行 prediction_tf 与 prediction_lr 的验证：

```
np.all(np.isclose(prediction_tf, prediction_lr))
```

由于 prediction_tf 中的每个元素的值在默认精度下与 prediction_lr 相应位置上的元素值相等，因此每个相应位置都为 True，于是 np.all() 返回 True。代码运行结果如下：

```
True
```

以下代码用于验证本例中的模型权值与 9.5.2 小节训练得到的权值是否相近。

```
np.isclose(model.get_weights()[0], classifier.model_w)
```

可以想到，对数几率模型只有一层且输入层神经元数目 n_0=2，因此权值形状为(2, 1)，则上述代码返回值形状也应为(2, 1)。代码运行结果如下：

```
array([[ True],
       [ True]])
```

同样的方法可用于验证模型偏置量。

于是可以确定，我们从零构建并训练的 LogisticRegression 类实例、MLPClassifier 类实例与基于 tf.keras.Sequentia() 构建的神经网络模型，在相同初始参数、相同学习率、相同 epochs、相同 batch_size 的情况下，可以得到默认精度相等的结果，即使模型迭代 200 次以后，依然可以维持这个结果。

9.6　小结与补充说明

9.1 节中使用了记号 $f^{[2]}(f^{[1]}(\boldsymbol{x}; \boldsymbol{W}^{[1]}, \boldsymbol{b}^{[1]}); \boldsymbol{w}^{[2]}, b^{[2]})$，其中，$f$ 表示激活函数，其余的除 $b^{[2]}$ 外均以粗体标记，表示向量或矩阵。本书的其他部分（如 8.3 节）并没有严格按照该格

式使用记号。一个原因是，当考虑将数学表达转换为代码实现时，应尽量确保代码的稳定性（stability）、扩展性（scalability）与复用性（reusability），因此代码实现并不总是与数学表达一一对应的；另一个原因是，为突出讲解的重点内容，笔者常常以最简单的形式使用记号，以免读者花费额外的精力根据印刷格式辨别相应的记号含义，影响对核心知识点（如算法思想）的理解。

在第 8 章的基础上，本章从两层神经网络模型构架的基础上总结出了更为通用的 L 层神经网络构架方法，L 为大于 0 的整数，并以 Python、NumPy 方式实现了这个架构方法。

本章在 TensorFlow 部分方法的基础上，使用 tf.keras.models.Sequential()构建了一个对数几率回归模型与一个两层神经网络模型，分别用于验证我们从零构建并训练的模型。

我们从零构建并训练的 LogisticRegression 类实例、MLPClassifier 类实例与基于 tf.keras.Sequentia()构建的神经网络模型，在相同初始参数、相同学习率、相同 epochs、相同 batch_size 的情况下，可以得到默认精度相等的结果，即使模型迭代 200 次以后依然可以维持这个结果。这说明我们已经初步具备了将数学表达形式的算法思想转化为可以运行并符合预期结果的代码的能力。

本章的练习参考答案与示例代码请参考代码包中的 ch09.ipynb 文件。

附录 标量、向量与矩阵简介

将 n 个有次序的数 $a_1, a_2, \cdots, a_n$ 作为一个整体进行计算，这个整体称为一个 **n 维向量**（vector），通常以小写的黑体字母表示，如 **a**。这 n 个数中的任意一个称为该向量的分量（component）或元素（element）。这 n 个数（分量或元素）可以写作一行，也可以写作一列，前者称为行向量，后者称为列向量。在未特别说明的情况下，很多机器学习、深度学习的文献中均将向量默认为列向量，本系列（本丛书及相关的视频等）也遵循了这个标准。

以下记号表示一个 n 维向量 **x**，其中每个元素都表示一个单独的数，即**标量**（scalar），以普通的小写字母及下角标（或称下标、subscript）来标识。

$$x = \begin{bmatrix} x_1 \\ x_2 \\ \vdots \\ x_n \end{bmatrix}$$

为书写方便，通常以列向量的转置，即行向量表示该向量，如 $x = [x_1, x_2, \cdots, x_n]^{\mathrm{T}}$

需要说明的是，部分文献中以一对圆括号表示向量元素，如 $x = (x_1, x_2, \cdots, x_n)^{\mathrm{T}}$，与方括号的方式并无本质区别。由于其代码实现常用到 Python 列表，因而本书采用了方括号的方式。

如果以该记号表示 3.3.3 小节定义的精简版 iris 第 1 个样本，则有 $x=[1.9, 0.4]^{\mathrm{T}}$，表示该样本的 2 个特征 $x_1=1.9$，$x_2=0.4$，即该鸢尾花的花瓣长度与宽度。

以下代码以 NumPy 数组 x 表示该样本：

```
import numpy as np
x = np.array([1.9, 0.4])
print('特征向量:', x)
print('花瓣长度: {} cm'.format(x[0]))
print('花瓣宽度:', x[1], 'cm')
```

由于 NumPy 数组中第 1 个元素索引值（index）为 0，因而 Python 代码 x[0]表示该样本的第 1 个特征 x_1，即 1.9；Python 代码 x[1]表示该样本的第 2 个特征 x_2，即 0.4。

代码运行结果如下：

```
特征向量: [1.9 0.4]
花瓣长度: 1.9 cm
花瓣宽度: 0.4 cm
```

以下代码以 TensorFlow 张量（tf.Tensor）表示该向量：

```
import tensorflow as tf
x = tf.constant([1.9, 0.4])
print(x)
```

代码运行结果如下：

```
tf.Tensor([1.9 0.4], shape=(2,), dtype=float32)
```

同样，以 LR 分类该数据集时，模型的权值向量则表示为 $w=[w_1, w_2]^T$。以$[0.5, 0.5]^T$ 作为权值向量初始值，经过 3.3.3 小节和 3.3.4 小节所展示的训练过程后，模型学习到的权值向量为 $w=[0.02, 0.68]^T$，其中 $w_1=0.02$，$w_2=0.68$。

线性模型是深度神经网络的重要组成部分，可以表示为 $z=w \cdot x+b$ 或 $z=w^Tx+b$，其中，w、x 均为向量，z、b 均为标量。

回顾图 3-18 可知，当两个向量 w、x 的维数相同时，$w \cdot x$、$x \cdot w$、w^Tx、x^Tw 的结果均相等，这是因为，向量的点积（如 $w \cdot x$）可看作其矩阵乘积（如 w^Tx）。其中，向量 $w=[w_1, w_2, \cdots, w_n]^T$ 与向量 $x=[x_1, x_2, \cdots, x_n]^T$ 的点积定义为：

$$w \cdot x = \sum_{i=1}^{n} w_i x_i = w_1 x_1 + w_2 x_2 + \cdots + w_n x_n$$

其运算结果是一个标量。

本书交替使用了 $w \cdot x$、$x \cdot w$、w^Tx、x^Tw 几种形式，旨在兼容其他文献。从方便编码的角度考虑，本系列使用 x^Tw 的形式，作为通用的数学表达。其中，X、W 表示二维及以上的数组，如 NumPy 数组（numpy.ndarray）、TensorFlow 张量（tf.Tensor）、需要注意的是，向量维数与数组维数（dimensionality）是两个不同的概念。

以 LR 分类精简版 iris 为例，用于表示样本的特征向量 x 与权值向量 w 均为二维向量，即维数 $n=2$；以 LR 分类简化版 MNIST 为例，用于表示样本的特征向量 x 与权值向量 w 均为 784 维向量，即维数 $n=784$。

以 NumPy 数组 x 表示 MNIST 中的某一个样本特征时，x 的类型为一维数组，其长度即元素个数为 784。以下代码用于区分这两个概念。

```
from tensorflow import keras
import numpy as np
(x_train, y_train), (x_test, y_test) = keras.datasets.mnist.load_data()
x = x_train[0].flatten()
print('该向量的维数=该数组的长度:', len(x))
print('该数组的维数(ndim):', x.ndim)
```

其中，x_train[0]指向由 keras.datasets.mnist.load_data()加载的 MNIST 训练集第 1 个样本的特征向量。

代码运行结果如下：

```
该向量的维数=该数组的长度：784
```

```
该数组的维数(ndim)：1
```

为提升模型性能，在深度学习实践中通常以小批量（mini-batch，简称 batch）方式更新模型参数。当一个 batch 中的样本数目大于 1 时，通常以一个矩阵表示样本特征。

以下记号可用于表示精简版 iris 的特征：

$$X = \begin{bmatrix} x_{1,1} & x_{1,2} \\ x_{2,1} & x_{2,2} \\ x_{3,1} & x_{3,2} \end{bmatrix} = \begin{bmatrix} 1.9 & 0.4 \\ 1.6 & 0.6 \\ 3.0 & 1.1 \end{bmatrix}$$

上面所示的由 m 行 n 列有次序的数组成的一个整体称为**矩阵**（matrix）。通过二维下标可以标识矩阵中指定位置的元素，如 $x_{1,1}=1.9$。

在代码实现中，通常以二维数组表示矩阵。以下代码以一个 NumPy 数组 x 表示精简版 iris 的特征。

```
x_train = np.array([[1.9, 0.4], [1.6, 0.6], [3. , 1.1]])
print(x_train)
print('该数组的维数(ndim):', x_train.ndim)
```

本例中的 x_train 与前例中的 x 均为 NumPy 数组，区别仅在于 x_train 是二维数组，ndim=2，前例中的 x 是一维数组，ndim=1。

代码运行结果如下：

```
[[1.9 0.4]
 [1.6 0.6]
 [3.  1.1]]
该数组的维数(ndim)：2
```

需要说明的是，此时数组 x_train 的长度表示该 batch 中的样本数目。习惯上将 3.3.3 小节所示的二维表格中的一行表示一个样本，m 行表示 m 个样本。若无特别说明，本书均以 m 表示样本数目，而用于表示 1 个样本的特征数目则记为 n。因而，精简版 iris 含有样本数目 $m=3$，特征数目 $n=2$；6.1 节构造的简化版 MNIST 数据集 $m=12665$，$n=784$。

以下代码用于体验数组的形状。

```
x_train = np.array([[1.9, 0.4], [1.6, 0.6], [3. , 1.1]])
print('x_train.shape:', x_train.shape)
x = x_train[0]
print('x.shape:', x.shape)
print('x.ndim:', x.ndim)
```

含有数组中维度信息（array dimensions）的一个元组（tuple），称为该数组的**形状**（shape）。例如，一个二维数组由 m 行 n 列元素组成，其 shape 为 (m, n)；一个一维数组含有 n 个元素，其形状为 $(n,)$。当数组维数 ndim=1 时，请注意其形状元组中含有一个半角英文逗号，不可省略。

代码运行结果如下：

```
x_train.shape: (3, 2)
x.shape: (2,)
x.ndim: 1
```

结果与上述分析一一对应。

当 LR 学习单个样本时，线性模型的输出可以由 2 个向量的点积运算得到。如 np.dot(w,x)，并且 w 与 x 的顺序可以互相调换，如 np.dot(x,w)。然而，当涉及多个样本，即二维或更高维的数组时，参数顺序需要符合运算规则，否则会引起程序异常。

当矩阵 X 的列数与矩阵 W 的行数相等时，二者的矩阵乘积（matrix product）可通过 np.dot(X, W)计算得到。

以下代码用于演示两个矩阵的矩阵乘法运算。

```
m = 5
n_0 = 3
n_1 = 2
x_train = np.ones((m, n_0))
w = np.ones((n_0,n_1))
print('x_train.shape:', x_train.shape)
print('w.shape:', w.shape)
print('np.dot(x_train, w).shape:', np.dot(x_train, w).shape)
```

其中，x_train 和 w 分别指向两个二维数组；x_train 的形状为(m, n_0)，w 的形状为 (n_0,n_1)，此而二者的矩阵乘积形状为(m, n_1)。

代码运行结果如下：

```
x_train.shape: (5, 3)
w.shape: (3, 2)
np.dot(x_train, w).shape: (5, 2)
```

TensorFlow 提供了 tf.matmul()函数用于矩阵计算，代码如下：

```
tf.matmul(x_train, w).shape
```

代码运行结果如下：

```
TensorShape([5, 2])
```

调换二者的顺序，由于 w 的列数与 x_train 的行数不等，因而导致程序出现异常，参见图 8-4 所示（shape 略有不同，但导致程序异常的原因相同）。

需要说明的是，一部分算法工作人员（practitioners，有的也称为实践者）习惯以大写字母作为 Python 变量名，以此表明该变量指向一个矩阵，即二维数组，另一部分算法工作人员则以小写表示，这仅仅是编码风格不同，无优劣之别，若读者所在的研发团队制定了相关编码规范（coding standard），请参照执行即可。

需要注意的是，有时为方便编码，确保程序的稳定性与兼容性，会将向量封装为二维数组。

附录中的示例代码请参考代码包中的"附录.ipynb"。

本书旨在帮助读者理解并掌握深度学习的核心基础知识，即深度前馈神经网络模型、前向传播、反向传播和梯度下降。通过文字讲解、数学表达和代码实现相对应的形式帮助读者理解并掌握算法思想，将算法思想转化为可以运行的程序，并得到与预期相符的运行结果。

上述核心基础知识是后续学习深度学习算法如卷积神经网络和序列模型的重要前提。限于篇幅，本书未涉及卷积神经网络与序列模型的相关知识，本系列的后续书籍和教程将会详细讲解这些内容。

对掌握上述核心基础知识非必要的实践经验、前沿研究与应用领域，如 GPU 的使用、TensorFlow 的其他示例、其他热门领域（如自然语言处理和推荐系统等）、其他流行的数据集（如 ImageNet 和 COCO 等）、其他流行的深度学习框架（如 MXNet 和 PyTorch 等）等，本书均未涉及。这些内容会通过本系列的其他书籍、视频教程和线上和线下讨论的方式完成。

以显卡（GPU）加速 TensorFlow 模型训练为例，若系统已经安装并配置了 TensorFlow 2.x 所支持的 GPU（3.5、5.0、6.0、7.0、7.5、8.0 及更高算力）驱动、CUDA 和 cuDNN，则 1.5.1 小节给出的 pip install tensorflow 可自动进行 GPU 的相关配置。安装完成后，以下命令可用于测试 GPU 的相关配置。

```
import tensorflow as tf
print("Num GPUs Available: ", len(tf.config.list_physical_devices('GPU')))
```

代码运行结果如图 1 所示。

```
import tensorflow as tf
print("Num GPUs Available: ", len(tf.config.list_physical_devices('GPU')))

Num GPUs Available:  1
```

图 1 代码运行结果

若结果为 0，则可能有多种原因。逐一演示在 Windows 或 Ubuntu 上安装和配置 NVIDIA 显卡驱动、CUDA 与 cuDNN，以及在安装过程中的常见故障及解决办法需要较多的篇幅，为了突出重点，本书暂时略过相关讨论。

本书精心设计了章节顺序与知识点的依赖关系，请读者在搭建好开发环境后从第 2 章开始按顺序学习，并亲自动手进行大量的练习。

本书涉及的数学表达中的部分记号与 Python 代码相同，如 w、x、a。在有些情况下，为了帮助读者理解，本书会显式地以"Python 变量"和"数学表达"区别该记号的含义，但不应依赖于此。

尽管本书的目标并非让读者掌握完整的机器学习基础知识，但掌握本书的内容后再学习其他机器学习算法，如线性回归、支持向量机（SVM）和决策树等，通常会有事半功倍的效果。

代码包中的部分 Jupyter 记事本（如 ch08.ipynb）文件包含对应章节的数学表达，若读者已成功安装 1.4.4 小节介绍的 Jupyter Notebook 插件，则 ch08.ipynb 成功加载后的结果如图 2 所示。

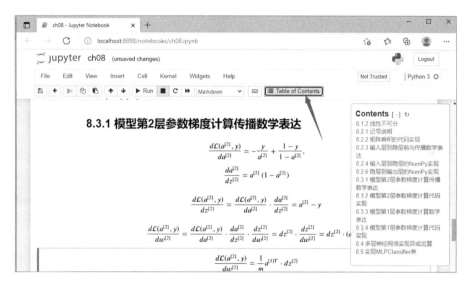

图 2　ch08.ipynb 成功加载后的结果

单击图 2 中箭头所指的按钮，将弹出记事本（Notebook）的目录，它是由 toc 插件基于该记事本中的 markdown 标题生成的。单击目录中的链接可跳转至相应的 Notebook 章节。

Jupyter Notebook 内置了 Markdown 解析器（parser），支持 MathJax 语法，并兼容 TeX/LaTeX。

双击 Cell 可查看对应数学表达的 MathJax/TeX/LaTeX 源码，以方便读者交流。

通过清晰的数学表达，读者可与全球的深度学习实践者们（deep learning practitioners）进行高效而精准的沟通。

限于篇幅，本书并未详细介绍 MathJax/TeX/LaTeX 的相关知识，读者可发送 LaTeX 至微信公众号"AI 精研社"获取相关教程。

本书在数学表达的使用上采用了极简策略，旨在通过数学表达帮助读者进一步理解并掌握核心算法思想，重点不在数学表达本身。因此，本书并未严格区分标量、向量和矩阵的记号，也未区分单变量和多变量的梯度，以及单个样本与多个样本的情况。

以 8.2 节的两层神经网络模型为例，其输入层含有 3 个神经元。其中，第 1 层即隐层含有 2 个神经元，因此整个隐层的权值为一个形状为(3, 2)的矩阵，记作粗体大写字母 $\boldsymbol{W}^{[1]}$：

$$W^{[1]} = \begin{bmatrix} w_{1,1}^{[1]} & w_{1,2}^{[1]} \\ w_{2,1}^{[1]} & w_{2,2}^{[1]} \\ w_{3,1}^{[1]} & w_{3,2}^{[1]} \end{bmatrix}$$

模型的第 2 层即输出层含有 1 个神经元，因此输出层的权值为一个二维向量，记作粗体小写字母 $w^{[2]}$：

$$w^{[2]} = \begin{bmatrix} w_1^{[2]} \\ w_2^{[2]} \end{bmatrix}$$

因此整个模型可记作 $f^{[2]}(f^{[1]}(x; W^{[1]}, b^{[1]}); w^{[2]}, b^{[2]})$。

当模型学习单个样本时，记作粗体小写字母 x：

$$x = \begin{bmatrix} x_1 \\ x_2 \\ x_3 \end{bmatrix}$$

当模型学习 m 个样本时（m 为大于 1 的整数），记作粗体大写字母 X：

$$X = \begin{bmatrix} x_{1,1} & x_{1,2} & x_{1,3} \\ x_{2,1} & x_{2,2} & x_{2,3} \\ \cdots & & \\ x_{m,1} & x_{m,2} & x_{m,3} \end{bmatrix}$$

深度学习实践中流行的实现方式是以一维数组（如 NumPy 数组）/张量（如 tf.Tensor）表示向量，以二维数组/张量表示矩阵。

容易发现，若分别处理 $m=1$ 与 $m>1$ 的情况将导致大量的冗余代码，不利于程序的维护与扩展。为了提升代码的复用性，本书将 $m=1$ 与 $m>1$ 两种情况合并为(m, n_0)。其中，m 为大于或等于 1 的整数，n_0 为用于表示一个样本的特征数目。

需要说明的是，为了方便理解，除了图 7-4 以外，书中呈现的计算图均为示意图，而非完整的计算图。

基于极简体验的原则，本书开创性地提出了通过"图文+视频"初步理解算法思想，通过数学表达精简描述算法思想，通过 Python+NumPy 将算法思想转换为可以运行出预期结果的代码，再通过 TensorFlow（或其他现代深度学习框架，如 MXNet 和 PyTorch 等）对代码进行验证，从而达到理论与实践并重的学习效果。

因此，除第 1 章外，建议读者按顺序学习本书的内容，从第 3 章起需要理解并掌握每节所讲的内容，然后在不参考本书的情况下亲手实现书中的示例，切实地验证自己的掌握程度后再进行下一小节的学习。

若读者在学习的过程中遇到困难，可向微信公众号"AI 精研社"发送 ta 获取帮助，也可发送 DL101 获取本书的配套资源与服务，包括代码包、视频教程和书中名词的中英文对照表等资料，而且还可加入微信和 QQ 群进一步学习与交流。